「女子安 天下安」系列之

妈妈在 家就在

安先生工作室 ◎ 著

人民日报出版社

图书在版编目（CIP）数据

妈妈在　家就在 / 安先生工作室著 .—北京：人民日报出版社，2016.7
ISBN 978-7-5115-4046-1

Ⅰ.①妈…　Ⅱ.①安…　Ⅲ.①女性－人生哲学－通俗读物
Ⅳ.① B821-49

中国版本图书馆 CIP 数据核字（2016）第 156589 号

书　　名：妈妈在　家就在
著　　者：安先生工作室

出 版 人：董　伟
责任编辑：杨冬絮
封面设计：回归线视觉传达

出版发行：人民日报出版社
社　　址：北京金台西路 2 号
邮政编码：100733
发行热线：(010) 65369527　65369509　65369510　65369846
邮购热线：(010) 65369530　65363527
编辑热线：(010) 65363486
网　　址：www.peopledailypress.com
经　　销：新华书店
印　　刷：大厂回族自治县彩虹印刷有限公司

开　　本：710mm×1000mm　1/16
字　　数：207 千字
印　　张：14
版　　次：2016 年 7 月第 1 版　2016 年 7 月第 1 次印刷

书　　号：ISBN 978-7-5115-4046-1
定　　价：38.00 元

前言 PREFACE

慈母手中线，游子身上衣。

临行密密缝，意恐迟迟归。

谁言寸草心，报得三春晖。

唐代诗人孟郊的一首《游子吟》一直诉说着唐人（中国人）心中对妈妈和家的思念和眷恋。《妈妈在 家就在》的写作，就是在新世纪记录和抒发这种思念和眷恋的一首交响曲。

《女子安 天下安》系列选题总策划人安公唐总是个充满理想主义精神和家国情怀的媒体人，在这个快速变革、人心浮动的时代，总在寻求为自己、为同胞建设一块宁静的精神家园，经过苦苦寻觅，他找到了"安"这个以"女子"、"妈妈"为主线的精神绿洲。

中国科学院心理研究所沟通研究中心的王文忠博士和他的伙伴们创建的动力沟通理论与技术体系，重视感受、把清澈宁静的无言的感受视为母亲，因此，当唐总与王博士相遇时，马上就激荡起创造性的火花，本着宏扬中华

妈妈在　家就在

002 | pretty mum & sweet home

民族优秀传统的初心、传承国粹、传授技艺，安公立即牵头成立了安先生工作室，并开始了高创造性的行动。《妈妈在　家就在》在4月份开始酝酿，在7月初就要与读者见面了，我们内心也充满了期待，期待读者的反馈，更期待读者的参与，希望您也加入安先生工作室，成为团队成员，我们共同构成一个大家庭，把全民健心运动落到实处。

心理学作为近现代的西方舶来品，一直强调一种孤立的自我观，每个人作为一个独立的生命体，孤独地面对未知的未来，苦苦挣扎，或者美其名曰，个人奋斗。

动力沟通的自我金刚结构则不然，它认为每个人都是一个家庭：每个人的身体就相当于这个家庭的父亲，默默无言地劳动；感觉就相当于母亲，感受着自己和他人，联系着身体和外界；思想就相当于家里的3-12岁的孩子，喧嚣着出主意，做规划，要控制身体和感觉，要做家里的小霸王；反审认知，则相当于家庭的心理咨询师（或者慈祥的老祖母），默默地陪伴、关照着身体、感觉和思想。

大部分人，都是让思想做了主的，让自己的身体和感觉受到压制的，并且那个出局反观的反审认知也往往很少发生作用，问题就这么产生了，人们开始在思想中画地为牢，挣扎冲突，给自己、给他人带来种种无谓的烦恼和挫折，尤其那些做家长的，会用自己的想法伤害孩子。

让感受性冲破僵化思想的牢笼去感知鲜活的现实，让反审认知时刻工作起来，让自我这个"家"的妈妈成为主人，让反审认知这个祖母或外婆时刻能够在旁边若即若离地陪伴，人立刻就能得到心灵的宁静，成为金刚美人，从而活在当下，敏锐明晰感受当下，从当下吸收力量，这时，很多问题就自然而然地化解了。

  动力沟通理论强调人人都是一个家，人人都要做自己的咨询师，安先生在此也想强调，我们认为人人都是安先生，安先生也希望与志同道合的同仁一起，互相陪伴，踏歌而行，实现各自心中的梦想。

安先生工作室

目录
CONTENTS

CHAPTER ONE
妈妈的故事

  自然界的妈妈们　003

  原始社会的妈妈们　005

  关于母亲的神话：女娲与观音　007

CHAPTER TWO
妈妈难当

  最大的失误在教育　013

  蜘蛛、蝎子与蛇：妈妈的形象　017

  魔鬼与天使　021

  来自星星国度的一封信　023

  不在一个频道　026

  讨伐家长的檄文　030

CHAPTER THREE
感受孩子

再等等再看看　037

当我停止责备时　040

感受比语言重要　044

站在对方的角度去体验　047

狂风暴雨与狂轰滥炸　051

让妈妈的灵魂回家　055

以欣赏的目光看孩子　059

CHAPTER FOUR
感受自己

专心地看看自己　069

自己安了世界就安了　072

让心从旋涡中出离　076

只许州官放火，不许百姓点灯　081

瞎折腾的是家长　084

六个自我觉察的寓言故事　087

CHAPTER FIVE
不靠谱的妈妈

语言的谱不可靠　097

让孩子的消极情绪无影无踪　103

理性与感性　108

绘制海底地图　111

CHAPTER SIX
寻找妈妈

生不如死的迫生状态　119

妈妈在家等我　122

找妈妈的历程　128

妈妈回归之路：真诚 + 觉察　131

恶人谷里的找妈妈之旅　150

哑巴大战棉花球　158

CHAPTER SEVEN
做自己的妈妈

认识自己　165

好妈妈的九种力量　170

人的发展阶段与态势　174

好妈妈：咨询中的罗杰斯　182

金刚美人自和谐　187

APPENDIX
美人系列五大技术

美人技术（BEAUTY） 195

时空冥想技术 198

感恩冥想技术 201

情感冥想技术 205

呼吸技术（BREATHE） 210

后记 213

CHAPTER ONE
妈妈的故事

比大地更广阔的是海洋,比海洋更广阔的是天空,比天空更广阔的是心灵,比个人心灵更广阔的是母爱,因为人内心中常有不能自我接纳的部分,但母亲却会无条件地接纳自己的孩子,古今中外,概莫能外。

无论是谁,在一生中都离不开"妈妈"这两个字。妈妈的角色既是天赋的使命,也有因自己努力而成就的伟大属性。妈妈,是充满温暖的心灵港湾,妈妈是美丽的,妈妈是圣洁的,妈妈是创造和包容的,妈妈也是牺牲的……

自然界的妈妈们

这掠过婴儿眼上的睡眠——有谁知道它是从哪里来的吗?是的,有谣传说它住在林荫中,萤火朦胧照着的仙村里,那里挂着两颗甜柔蜜人的花蕊。它从那里来吻着婴儿的眼睛。

在婴儿睡梦中唇上闪现的微笑——有谁知道它是从哪里生出来的吗?是的,有谣传说一线新月的微笑,触到了消散的秋云的边缘,微笑就在被朝雾洗净的晨梦中,第一次生出来了——这就是那婴儿睡梦中唇上闪现的微笑。

在婴儿的四肢上,花朵般地喷发的甜柔清新的生气,有谁知道它是在哪里藏了这么许久吗?是的,当母亲还是一个少女,它就在温柔安静的爱的神秘中,充塞在她心里了——

这就是那婴儿四肢上喷发的甜柔新鲜的生气。

(泰戈尔散文诗选段)

假设你可以进入时光隧道回到地球的过去,在旅行中你会发现在距今6500万年这一站,地球上的植物和气候都发生了很大变化,此时地球进入了新生代,这是地球历史上最新的一个地质时代,恐龙已经灭绝,被子植物和哺乳动物占着绝对的优势。

在这个时代，每当春天回归，万物复苏，大地便变成了花儿的海洋，有着最强适应能力的被子植物们四处争奇斗艳竞相绽放花朵，用自己的美丽和散发的芳香，吸引了无数纷飞的蜜蜂和蝴蝶，并借用这种外力完成授粉的过程，让自己结出丰硕的果实。即便花谢凋零，也是叶落归根，耗尽最后一丝心血，来滋养自己所生长的地方，这个过程也为果实的成长提供最后一份营养。

鲜花，是植物的生殖器官，植物，是整个自然界的母亲。她们默默地进行着光合作用，吸收着二氧化碳，输出氧气，并把自己的果实，奉献给了未来！正是在植物母亲的滋养下，地球显得分外繁茂，为哺乳动物们提供了得以繁衍的充足食物和美丽家园。

此时哺乳动物的妈妈们也正忙碌着哺育自己的下一代。你看：

小山羊出生了。山羊妈妈不顾自己的疲劳，用舌头仔细地把小羊舔舐干净，然后用充满关爱且慈祥的眼神注视着小羊，鼓励它慢慢地站起来……

幼年的小狮子顽皮而好动。狮妈妈一边耐心地一招一式地教会小狮子们所有的捕猎技能，一边在小狮子还没有能够掌握狩猎技能之前，费尽心力地来捕获所有的食物。别看母狮对小狮子的照顾充满了柔情与细致，但是每当小狮子独自乱跑，甚至跑出了领地范围后，母狮子会毫不犹豫地进行斥责，这个斥责不是简单的嘶吼，而是用牙撕咬，用爪子撕扯，也正是因为这样严厉的管教，才让狮子成为草原上的王者，能够称雄草原……

当小狮子成熟后，母狮会毫不留情地将自己的孩子赶走，让他们去建立新的领地，无论小狮子如何恋恋不舍，都会被母狮子赶走，没有苦口婆心的劝说，只有撕咬和怒吼，但是又有谁能否认这是母狮子的爱呢？大自然的精灵们就是这样顺应自然生存着。

动物幼崽与妈妈之间的情感交流是直接的、迅速的、无障碍的。每一个眼神,每一次声响,尾巴的每一次摆动,所有的行动所传达的信息都是如此简单而又明确。妈妈的耳朵突然的一个转动,幼崽就能感受到危险的到来;幼崽躺在地上,调皮地露出自己的肚皮蹭来蹭去的时候,妈妈一个温馨的眼神,幼崽也能感受到浓浓的爱意。

安先生动通加油站

沟通,不仅仅是言语沟通,在非言语层面传达的信息更多。1. 发起:发起者投向接受者的关注的眼神、憎恶的表情。2. 接受:接受者点头或皱眉,或背过身去。3. 反馈:发起者心跳加快、呼吸急促、表情漠然或僵硬,或者身体放松、甜美的微笑。这些有意识或无意识的步骤与反应,决定了人与人之间的和谐或冲突,影响了参与各方的身心健康。

原始社会的妈妈们

贺新郎·读史
毛泽东

人猿相揖别。只几个石头磨过,小儿时节。铜铁炉中翻火焰,为问何时猜得?不过几千寒热。人世难逢开口笑,上疆场彼此弯弓月。流遍了,郊原血。

一篇读罢头飞雪,但记得斑斑点点,几行陈迹。五帝三皇神圣事,骗了无涯过客。有多少风流人物?盗跖庄蹻流誉后,更陈王奋起挥黄钺。歌未竟,

妈妈在 家就在
pretty mum & sweet home

东方白。

当我们穿越时光隧道,来到距今约十至二三十万年期间,此时的人类处于旧石器时代。无论人类历史怎样演变,每个人都有一个共同的根源——母亲,我们都从妈妈身体里出来,并且人类社会也是从母系氏族社会开始!这个时候放眼望去,我们可以看到这样一幅美丽的天人合一的优美风景:

在繁花似锦的草地上,在硕果累累的茂密森林里,一群女人,或背着孩子,或牵着孩子,采摘着野菜和野果,给自己的家人准备食粮,同时在土地上用石头挖出小坑,撒播种子,准备明年的收成。

年轻的男人们则带着石头和木棒,打猎捕鱼,同时警惕着四周,防备大型食肉动物(豺狼虎豹)和其他部族的入侵……在母系氏族社会,人类的生产力水平十分低下。自然界为人类提供生活的资源,同时也使他们面临严峻的环境挑战。

然而,随着社会生产力的逐渐发展,身强力壮不用担负孕育婴儿任务的男子,在农业、畜牧业和手工业等主要的生产部门中逐渐占据主导地位,于是母权制自然过渡为父权制。当母系社会过渡到父系社会后,男人成为公共社会生活的领导者,女性开始回归到家庭内部,承担起教育和抚养孩子的职责,这样,集孕育者、抚养者和教育者于一身的女性开始充当起妈妈的天赋角色,这样的教育模式和家庭结构长久地保留了下来,绵延至今……

俗话说,推动摇篮的手,就是推动世界的手。

在母系社会里,兼职的妈妈角色,被父系社会中稳定的专职的妈妈角色所取代。家庭中有了稳定的妈妈,孩子受到了良好的照顾和关怀。父亲在外面辛勤劳作、打拼之后有了可以歇息的港湾,整个家庭的联系变得越来越紧密，家庭结构越来越稳定，整个社会也趋向了稳定的状态。

> **安先生动通加油站**
>
> 在孩子的成长过程中，家长能给予孩子最好的教育可能包含如下三点：1. 家长自信、愉快的家庭生活；2. 对孩子无条件的爱；3. 对孩子进行合理的管教和限制。第一条是孩子成长的健康的大环境，第二条是孩子成长的肥沃土壤，第三条保证了孩子对现实的良好适应，由此我们就可能得到世间最美好的礼物：一个聪明、自信、健康、活泼的孩子。

关于母亲的神话：女娲与观音

母 亲
冰心

母亲呵！
天上的风雨来了，
鸟儿躲到它的巢里；
心中的风雨来了，
我只躲到你的怀里。

本节开头引用的这首小诗，据说是现代诗人冰心在一个雨天看到一张大荷叶遮护着一枝红莲，触景生情而写下来的：母亲呵！你是荷叶，我是红莲。心中的雨点来了，除了你，谁是我在无遮拦天空下的荫蔽？根据雨中荷叶庇护红莲的感触，冰心写成《母亲》一诗，把母亲是人生可靠的心灵避难所这种思想感情，生动形象地描写出来。中国古代流传久远的赞美妈妈、崇拜女性的神话故事，如女娲补天、大慈大悲观世音菩萨，也是人类在遇到困境时，一种对妈妈温暖怀抱的共同呼唤。

女娲是中华民族公认的创世女神，化生万物的大地之母。许慎《说文》："娲，古之神圣女，化万物者也。"司马迁在《史记·补三皇本纪》记载，水神共工造反，与火神祝融交战。共工被祝融打败了，他气得用头去撞西方的世界支柱不周山，导致天塌陷，天河之水注入人间。女娲不忍人类受灾，于是炼出五色石补好天空，折神鳌之足撑四极，平洪水杀猛兽，人类始得以安居。

与《史记》差不多同一个时代的《淮南子·览冥训》中，也描述了类似场景："往古之时，四极废，九州裂，天不兼覆，地不周载，火爁炎而不灭，水浩洋而不息，猛兽食颛民，鸷鸟攫老弱。于是女娲炼五色石以补苍天，断鳌足以立四极，杀黑龙以济冀州，积芦灰以止淫水。"

北宋时期，皇家编纂的百科全书《太平御览》上对女娲的故事，又有了新的记载：女娲在造人之前，于正月初一创造出鸡，初二创造狗，初三创造羊，初四创造猪，初六创造马，初七这一天，女娲用黄土和水，仿照自己的样子造出了一个个小泥人，她造了一批又一批，觉得太慢，于是用一根藤条，沾满泥浆，挥舞起来，一点一点的泥浆洒在地上，都变成了人。为了让人类永远的流传下去，她创造了嫁娶之礼，自己充当媒人，让人们懂得造人的方法，凭自己的力量传宗接代。

除了女娲，另外一个中国人心目中的女神就是观音菩萨。在汉传佛教的众多菩萨中，观世音菩萨也最为民间所熟知和信仰，所谓"家家阿弥陀，户户观世音"。

观世音是高僧鸠摩罗什的旧译，玄奘新译为观自在，也被简略称为观音、观音菩萨。观世音菩萨是佛教中慈悲和智慧的象征，无论在大乘佛教还是在民间信仰，都具有极其重要的地位。以观世音菩萨为主导的大慈悲精神，被视为大乘佛教的根本。

然而观世音菩萨最早是男人相。比如《华严经》说："勇猛丈夫观自在。"唐代以前的观音，以大丈夫相居多，也现女相。但到后来汉地的观音形象越来越趋向女性化，例如民间广为流传的三十三观音像，基本都是女身，成为中国人心目中的大慈大悲的护佑之神。

近代著名的佛教思想家，被誉为"玄奘以来第一人"的印顺法师（1906—2005）认为，佛教所说的慈悲和女性的某种内心特性具有类比性，女性所具有的慈忍柔和，表现为日常行为中即是爱，比如母亲对于儿女的爱是深重和无微不至的。因为观世音菩萨救度一切众生，如慈母爱自己的儿女一样。所以观世音应现女身，扩大无私的大爱，泛爱广大众生成为菩萨的平等慈悲。

总之，无论是植物界鲜花的海洋，还是动物界羊羔跪乳，还是原始母系社会中领导者，还是推动摇篮的手，无论是现实，还是在神话中，我们都能深深感受到心灵中对妈妈的呼唤，都能感受到妈妈的博大胸怀和无限承载，让人安心自在。无论时空如何转换，世事如何变幻，妈妈在，家就在。家庭里有了妈妈，才算是有家。

祖国被比喻为母亲，观音菩萨在中国被化为女身，在天地崩裂时拯救人类的仍然是女性女娲！就连汉字"安"，也是在屋宇之下有个女人！正如太史公马迁曰"人穷则反本，故劳苦倦极，未尝不呼天也；疾痛惨怛，未尝不呼父母也"，无论受到多大的挫折，心中有家，心中有妈妈，就不会觉得自己孤独。厚德载物的妈妈，敏锐地感受着这个世界和家人的妈妈，是中国人内心的皈依！当然，世界各地的文明，都赞美母亲、歌颂母亲！我们以高尔基的诗作《圣洁的母爱》作为本章的结语：

> 母爱，不挑儿的长相；
> 母爱，不分春夏秋冬。
> 母爱，崇高伟大，
> 母爱，无限忠诚。
> 无论你平和、躁动，
> 无论你失败、成功，
> 母爱你失败、成功。
> 母爱无处不在，
> 她，伴随你经历人生，
> 是她，放飞人间的龙凤，
> 是她，架起天际的长虹。
> 不懂得母爱，
> 你就迷失了生命的真谛
> ……

安先生动通加油站

自我的发展，是一个不断被突破，同时不断再融合的过程。每次的成长体验都是全新的，我们需要摒弃既往的经验和理念，放空自己，迎接新的体验和智慧。

CHAPTER TWO
妈妈难当

母爱如此珍贵且令人感动。可惜的是当今很多孩子并没有获得如此"顿悟"的机会,去感恩母爱的伟大,反而是时刻处于对妈妈的叛逆、反抗甚至敌视中……

最大的失误在教育

放眼看那座座高楼如同那稻麦

看眼前是人的海洋和交通的堵塞

我左看右看前看后看还是看不过来

这个这个那个那个越看越奇怪

过去我不知什么是宽阔胸怀

过去我不知世界有很多奇怪

过去我幻想的未来可不是现在

现在才似乎清楚什么是未来

噢……

不是我不明白，这世界变化快

（摘自崔健专辑《新长征路上的摇滚》）

说起"教育"这两个字，我们眼前不免会出现一幅画面：一位高高在上者摇头晃脑地口若悬河着，下面听者则小心翼翼地做出认真倾听的表面样子，其实听没听进去谁也钻不进对方大脑里去检查。但现实中谈到的对孩子的所谓教育是否成功,确实又是"通过孩子叛逆的表现",来印证了很多孩子内心的抵制。

教育的目的是为了孩子健康成长、适应世界、创造未来,但从教育的结果来看,却是大量"叛逆孩子"、"问题孩子"的涌现,这究竟在说明什么问题呢?

其实,在任何一个高速发展的国家中,其最可能发生失误的领域都必然是教育。因为现实的快速变化、人们观念的激烈冲突都会使人们的教育观念发生紊乱,使教育者自己无所适从,或者对自己的教育措施产生极度不自信,从而表现为教育过程中的鲁莽、放纵或者缩手缩脚,当然教育的效果也就可想而知了。家庭教育更是如此,在这个快速变化的时代,家长也失去了内心的准绳,从目前书店书架上摆放的琳琅满目、观点各异的家庭教育类书籍的畅销,可以间接说明家长内心的迷茫。

可以说,在漫长的中国历史中,人们一直处于温饱阶段,很多人在生存线上苦苦挣扎,生活得非常艰苦。成人们整日为温饱奔波忙碌,自强不息,孩子们也都非常积极地设法为家庭生活做自己的贡献,那时的孩子们往往少年老成,他们不但必须具有自理能力,还要帮助父母照顾弟弟妹妹,并干家务饲养牲畜,或者给人帮工(放羊放牛干杂活)补贴家用。

在家庭里,家长作为家庭的养育者和收入的主要来源,是非常受尊重的。孩子都顺从父母的教导,处处以父母的行为为榜样。孩子从辛勤的父母那里继承了自律、自制、负责、勤劳、谦虚等等价值观。如果孩子们有机会读书,那是极大的奢侈,他们会把取得好成绩、光宗耀祖作为对父母养育的一种回报。

但是 20 世纪 80 年代的改革开放、经济高速发展以及城镇化的进程,让中国人的生活环境发生了很大的变化。例如早在 2002 年联合国计划开发署发布的"中国人类发展报告"就表明，1999年上海、北京和天津的人类发展指标已经高于0.8，已属于高人类发展水平地区，在世界的排位分别为第32位、第33位和第48位，广东、辽宁、浙江和江苏已高于0.75，都在世界前70位；而中西部地区还在世界第100位之后。

曾经有过"一个中国，四个世界"的说法，就是指因发展不平衡而把我国划分为四个地区（或四个世界）。第一世界是占全国人口2.2%的深圳、上海、北京等地，这些地方已经达到世界高收入国家的水平；第二世界是上中等收入地区，如占全国人口21.8%的广东、浙江、江苏、辽宁，就是上中等国家的收入水平；第三世界是下中等收入地区，如占全国人口26.0%的河北、东北、华北、中部一些地区；第四世界是占全国人口50%的中西部地区，它相当于世界的低收入地区。

巨大的地区差异，多元的文化体系，高速的经济发展和城镇化过程，以及中国人对下一代成长的普遍重视，使得大部分中国儿童的生活普遍优越起来，但是在精神成长方面却因丧失了准绳，出现了各种问题。

毫不怀疑，从许多方面来看，现在的日子都比过去好。吃得好，穿得好，坐在窗明几净、安全舒适的教室里。即使身处乡镇，也可以通过互联网联络着全世界！但是换个角度看，在那过去的艰难岁月里，如果孩子们熬过了生活的苦难而长大成人，那么他们往往就会是具有行动能力的人，是会为自己、为家人、为朋友负责的人！今天的孩子们享受着比过去多得多的成功机会，但他们似乎比成长于艰苦年代的前辈们，缺乏了奉献家人的想法和机会。因为社会、家人，对孩子最大的期望就是好好学习，一个两耳不闻窗外事的人，如何成为健康的社会人呢？

从某种意义上说，过去艰苦岁月中分担父母负担的小大人的生活，在现在看来似乎非常沉重，但是我们不得不看到，在这么做的过程中，孩子也同时获得了自尊、自信和主人翁的感觉！在艰苦生活中成长起来的青少年，他们知道坏收成意味着什么，知道两天不给菜园子浇水，可能就没有新鲜蔬菜吃，他们也清楚父母为了给他们买一个新文具、新书以及春节买件新衣服，而一点点算计着攒钱的艰苦。

今天，我们常常发现，有太多年轻人，面临一大堆不管是大还是小的困难和麻烦没有办法应对，很多甚至没有能力养活自己，成了啃老族！当今的孩子接受义务教育的年限，比历史上许多人能够在想象中享受的教育时间还要多很多年，但是，有讽刺意味的却是，当今的许多年轻人却把教育似乎当成了惩罚一样的痛苦。对于过去的岁月里那些不得不去割草、去拾柴、去放羊、去干农活的孩子们，学校生活是一种充实且轻松的精神之旅。今天，生活衣食无忧的很多孩子却都在想着如何逃离学校，去网吧，去歌厅、酒吧，甚至只在家里待着看电视！

在这样的时代背景下，怎么做家长，尤其怎么做妈妈，成了一个难题！

安先生动通加油站

如果觉得有问题，那就关注现场、关注现在。问题，肯定是现场的问题，是现场所有的人和物及彼此之间关系的问题。按照动力沟通的观念，一个人"生病"，全家人都必须"吃药"。或者说，如果一个家庭中孩子出了问题，常常是父母或其他家人也有问题。如果要解决所谓"孩子的问题"，往往要首先，或者同时，解决父母或家人的问题。对此有一个生动的比喻：当一个鱼池的鱼病了的时候，养鱼人最先想到的可能是去改善整个池塘的水质。

蜘蛛、蝎子与蛇：妈妈的形象

你总说我还不懂事，
维护我像一张白纸。
你眼中我永远是，
长不大的孩子。
虽然我有好多心事，
却已不愿说与你知。

（引自儿歌《妈妈我爱你》）

一名十岁男孩儿还带着奶味的说话声，此刻又回响在耳边。

这是一个安先生陪伴了一整年的家庭，爸爸妈妈都在检察院工作，妈妈是一位中层领导，说话做事雷厉风行、干净利落，不怒而威的表情看上去整个人自带一种威严。

孩子长相俊美、个子高大，放在孩子堆儿里自然而然地就会吸引大家的目光。

然而让妈妈难以承受的是，调皮的孩子简直就跟个野猴子一般，没有半点儿工夫的安静。如果只是自己淘气也就罢了，他还不时地拍掉同学手里拿着的物品，冲撞同学后假装成不知情的样子，一脸无辜地看看大家，转身跑了！坐着时身子东扭西歪，站起来仍旧是东扭西歪，走起路来照样东扭西歪，杯子里面的水也常常泼洒到别人身上，完成作业十分艰难，同学们尽量躲避着他，都不喜欢跟他玩儿。老师天天向家长陈述一堆罪状并敦促严加管教孩子，完成作业。

孩子刚上学那会儿胆子小，还可以听妈妈吓唬安稳一会儿，自打上了三年级后，他也学会了发脾气，特别暴躁，不喜欢上学，恨老师。每一天的早早晚晚，家中哭骂声不断。

在安先生工作室的咨询中逐渐发现，出身高干家庭的妈妈，从小就被父母当男孩子养，培养出严格、勇敢、独立的女汉子般的风格，大学里面找到聪明稳重的伴侣成家生子，一直住在父母楼上，家里面几乎没有做过饭。长得白净漂亮的孩子，更让妈妈特别有面子，各种培训班早早排满，每当有老师或者什么人说自己孩子"不好"，妈妈简直就像遭受到了莫大的屈辱一般，被批评的仿佛不是淘气的孩子，而是妈妈自己，恨不能寻找个地缝钻进去，旋即恼羞成怒地拍打训斥儿子，就是暂时能够强忍住，上了车或者回到家，肯定会跟孩子大发雷霆！

原来，这是一位活在自己理想中并用自己的理想来塑造孩子的妈妈！她甚至在依靠孩子的优秀表现来喂养自己的价值感和面子！理想与现实的差距，让妈妈非常焦虑乃至恼火、愤怒，因此更关注不到孩子的情感状态和需求，因为她自己的尊严和价值，都放在孩子的表现上！因此，这位妈妈偏离自己现实的家人，偏离自己的孩子，越来越远。

该如何带领这位妈妈回家呢？难度有点儿大。我只好首先面对妈妈要求"处理孩子问题"的建议，首先对孩子的感受进行了解和呈现，来看看孩子心目中的妈妈究竟是什么样的。

9岁的孩子，语言和情感表达都还不足以让人清晰准确地了解他的内心世界，于是沙盘游戏，成了我和家长一起了解孩子心灵故事的手段。在这个过程中孩子心灵的故事，就通过沙盘在我面前惊悚地演出了：

蜘蛛妈妈，蝎子妈妈，恐龙妈妈，白熊妈妈，螃蟹妈妈，蛇妈妈，野猪妈妈……八个月之后，孩子作品里的妈妈，变为由人形和动物交替出现了。十个月之后，固定为人形。但画面的主题是战争！战争！！战争！！！一路杀个片甲不留，沙子扬满身满地，沙盘里面讲述着缺胳膊掉腿，恶鬼，枪炮……

每一次的作品，安先生都特意让妈妈看一眼那惨烈的结局。一次，妈妈实在忍耐不住，电话面问安先生，"我儿子心里面咋那么多的阴暗呢？你瞅瞅沙盘里面摆的，多残忍恐怖。"

安先生顿了顿，问她："儿子每一次讲沙盘的故事给你听了没有？我也很纳闷，只有常年遭受家庭暴力的孩子，才会连续摆出这样的沙盘，才会不敢好好说话只能靠发火来镇住别人，壮个胆子来提出自己的一个请求。你的孩子，是属于长在家庭暴力中的孩子吗？如果没有人日复一日地教给孩子这些，才9岁的他哪里有地方可以学得到呢？他的残忍恐怖，是复制了谁的原创啊？他仅仅是使用玩具表达出这些都很让人心惊，那么又是谁直接用残忍恐怖来对待他了？"

妈妈被孩子的心灵故事震撼了，知道自己那"丰满且美好"的理想，原来已经对孩子构成了黑暗地狱般的伤害！

于是，我们商量逐渐降低对孩子的要求，并采用适合这个男孩特点的措施：

为孩子报名跆拳道班（摸爬滚打中提高肢体协调，大喊、拳打脚踢，发泄掉多余的精力及压力）；

停掉奥数训练班改为教材班；

改背诵听写单词为主的英语课程为以训练口语为主的英语补习……

在这个过程中,妈妈,似乎变得从容了一些,接到老师电话去学校领回淘气孩子时,也不再火烧眉毛般急着骂孩子、打孩子了,可以一面向老师道歉,一面在内心寻找理由和借口替孩子辩解一两句了。妈妈会在内心安慰自己说,其实儿子没有犯啥严重错误,你批评我都这么厉害,孩子这么小,忍受不住被老师训斥的难堪,显得焦躁和逆反,似乎也是合理的。于是回到家,面对孩子也逐渐平静了。

效果显现了,那个英俊的小宝贝,有一天高兴地跟安先生说,妈妈越来越温柔了,也天天在家里做饭给爸爸和自己吃了,爸爸和自己都特别高兴。

安先生问宝贝,"你的话跟妈妈说过了吗?"

他稍扭捏地回答说有点不好意思说给妈妈,因为妈妈从来不夸自己,所以也不敢夸妈妈。

"噢,是这样啊,那今天当着老师的面,等妈妈来接的时候夸妈妈好不好?"

孩子犹豫地同意了。

妈妈的敲门声响起,宝贝一跃过去拉开房门,大声地带着奶味说,"妈妈你越来越温柔了!"

妈妈一愣,旋即搂过儿子放声痛哭,连连说,"谢谢宝贝夸妈妈,妈妈太激动了。"

安先生动通加油站

没有不可理喻的孩子,只有不适合孩子的教育方法。子曰"君子敏于行而讷于言",行胜于言,当妈妈行为有"道理",孩子才更会懂道理。

魔鬼与天使

《大学》中说"心诚求之,虽不中不远矣。未有学养子而后嫁者也!"母爱是本能的、直接的,是不假思索的真情流露。一些所谓的"理性指引"下的母爱,往往显得那么不真实、不自然并且有害……

如果说前面安先生做心理咨询的故事,读者看了觉得离自己有些遥远,我们再来看看一位妈妈写的故事:

有一段录音我一直珍藏着,但是这辈子我再也不想听见它,下辈子也不太想抹去这一段记忆……

那是我儿子六七岁的时候。有一天我和儿子一起读童话,我打开录音机,对儿子说:"来,你来读吧,我给你录下来。"

儿子开始念,他一开口,我就着急了,他的声音怯生生的,字也咬得不准,这怎么行!一篇刚念了个开头,我就打断他,要他重来,他的声音更弱了,嗓子眼被挤住了一样,我火了,大吼起来。儿子哭了,抽抽噎噎的,吸一口气,念两个字,我更生气了。

我在电台工作,普通话是基本功,对咬不准字和表达不清一律零容忍。我越吼他越不出声了。哭得更伤心。我其实很恼火他一个男孩子动不动就哭。强忍着怒火,我问,"你哭什么哭?"

录音机一直在转着。他继续抽抽噎噎,断断续续地说,"我,我,我想把音发准,读得好一点。"

像子弹一样,我满腔升腾的怒火瞬间被击中,崩解。心碎了一地。原来,他其实是很想好好读的,像我期望的那样,完美地读下来,可是他做不到。我这么委屈他,他还想着要告诉我他的心意。儿子抽抽噎噎的回答,像鞭子一样啃噬着我的心。这简直是天使与魔鬼的对话!

如果没有儿子的这一声回答,我完全意识不到我自己有多么疯狂,也完全意识不到孩子对我是多么包容,对自己又是多么苛刻。悔责与感恩交织在一起。我抱着他哭了起来。我是怎样让魔鬼占据我的心的?我要给孩子怎样的影响?这是我希望的亲子互动吗?我开始了漫长的探寻与改变。我发誓我再也不要这样对待孩子。无论他 6 岁,10 岁,还是 20 岁。

尽管我没有能够完全做到,但我一直在努力。就像儿子想要做得更好却没做到一样,在他 12 岁之前,我仍然常常控制不住自己,常常无法转化自己的无能和无奈的感觉,而把怒气发到孩子身上。儿子的反馈常常成为我照见自己的镜子:那个时候,我往往是被僵硬的想法控制的魔鬼!

多年后,有一天,我整理录音资料的时候,突然又听到这段录音,听到那刺耳的尖叫声。天啊,那是我吗?我以那样的声音,在对着一个孩子怒吼?那,是我发出来的声音吗?儿子不过是没把一个童话念得令我满意,我,竟然以这么可怕的声音在对一个六七岁的孩子大吼大叫?他做了什么,犯了什么滔天大罪,自己的妈妈竟以这样恶劣的态度去对待他?

停!我赶紧按暂停。

惊诧。痛悔。心痛。无地自容。再一次看我自己,再一次反思。

我问自己,我爱儿子不爱?爱。爱得很深很深。那为什么这样对待他?因为,因为,因为我不知道以什么样的方式表达我的爱,也不知道以什么样的方式表达我自己内心的痛苦。

> ### 安先生动通加油站
>
> 进入小康时代，人们吃饱喝足之后，第一个误区就发生在"精神追求"领域，往往表现在忽视自己的感受，轻信或迷信他人的理论或说法，很容易被他人灌输的概念系统所控制，从而成为想法和他人的奴隶。

来自星星国度的一封信

　　七彩的童年

　　铺满金色的阳光

　　嘟起小嘴吹出的美丽彩色泡泡

　　却会随着妈妈不经意的挥手

　　轻易地破碎……

妈妈的焦虑，妈妈对于未来的恐惧，往往会体现在对儿女的教育上，酿成教育悲剧。安先生曾经模拟一个自杀的中学生的口气，从天堂给妈妈写了这样一封信。

亲爱的妈妈：

　　你好吗？我在这里挺好的，只是有点想你，请别再为我担心，好吗？

妈妈在　家就在

pretty mum & sweet home

自离开你后,我经常通过星星魔法水晶看你,每次看到妈妈您在我的房间泪流满面,看到爸爸日渐憔悴,我的心里也很难受……

妈妈,其实我也舍不得离开你,可我实在承受不了你和爸爸的那种爱,我觉得自己不管怎样努力都无法让你们满意和高兴,所以心里很惶恐,很害怕,我害怕考试成绩没有让你满意时,你那没完没了的指责,我也害怕看到一贯宠爱我的爸爸极度失望的表情,我觉得自己是那么的没用,那么的惭愧。我怕后面还有的那么多考试,万一有次再考不好会让你们失望,让我感觉到你们不再爱我了。您知道吗,每当看到你们变得好严厉好陌生,我心里就好害怕、好害怕……

妈妈,想到小时候被你抱在怀里,看着妈妈满足而安心的微笑,我的心中充满了喜悦和幸福,因为我从你那温暖轻柔的臂弯和慈爱凝视的目光中可以清楚感受到爱的幸福。你和爸爸精心地呵护我,给我买最好的奶粉、漂亮的衣服,当别人夸奖我漂亮的时候,你们两人的快乐笑声让我很自豪,我终于可以为妈妈爸爸带来快乐了。

本来这一切是那么的美好,我觉得自己就是你们最最疼爱的宝贝,真的好幸福好满足啊,可是这样的感觉仅仅过了三年,从进幼儿园开始,我突然觉得一切都变了,变得好让我害怕。当我逐渐学会了适应妈妈您不在身边的日子,和小朋友开始熟悉起来时,又该上小学了。

上学后,我和其他小朋友一样开始努力学习,玩耍的时间要遵守学校老师和您的安排,因为除了上学,你和爸爸还为我安排了音乐、英语、奥数甚至围棋等各种兴趣班,并且为此花了很多钱。

可是我发现你们为我花的钱越多,你们的要求也就越高,同时脾气也越不好了。记得二年级有一次期中考试,因为一贯考满分的我,数学考了82分,我很忐忑地回家后,被伤心的你指着鼻子骂了半天,边骂你还边流泪,当时我觉得我似乎是个罪人,全身心都充满了恐惧与自责……

我是那么没用,让妈妈伤心,我怕你们会厌弃我。从那次后,我更加努力地学习,怕再让你们生气发狂,可我发现越是努力,脑海中越是会出现你们发怒时的可怕样子,结果学习成绩反而越来越差。与此同时我内心的恐惧也越来越严重。我也曾经想把我的害怕告诉你们,可是每次还没说清楚,就被你们的大道理挡了回去,我觉得这个时候你们根本就没有去想我心里有多么的害怕和难受。

妈妈,爸爸,我知道你们对我很爱很爱,好吃的好喝的从来都是满足着我,作为普通工薪家庭,你们把辛苦挣来的工资大量用到了我的各种学习班、兴趣班上,而你们自己省吃俭用,妈妈甚至连一个贵点的挎包都舍不得给自己买,四五个兴趣班,无论酷热还是严寒,周末爸爸骑着自行车驮着我穿行在城市里。

妈妈,爸爸,我好想美美睡一觉,可我不敢说。你们一直在牺牲自己的享受来爱我,可是我想说你们认真想过我的内心感受吗?其实那时在我的心目中,你们所有的爱都是换取我好好学习的条件,似乎我只有学习好才能回报了你们的爱,否则就是个不知好歹的坏孩子!

妈妈,你知道吗,我也很爱你们并且想听你们的话做个好孩子,可你们把学习当作唯一衡量好坏的标准,这对正是童真年龄的我来说是否公平?当今的社会让你们很担心,担心我没有学到最好,将来无法生存,可你们是否想过,如果没有现在,哪里有未来?如果我从小就是一个带着枷锁被迫干活的奴隶,长大后能够成为命运的主人吗?

妈妈爸爸,是你们把我接到这个世界并给了我快乐美好的期望,又是你们亲手把这快乐和期望从我手里夺走!

离开你们我的心里很难受,但我现在在这里过得还好,因为这里再没有不管喜欢不喜欢都必须硬着头皮去参加的各种学习,也没有妈妈愤怒的嘶吼,更没有了一直存在于我内心深深的恐惧与愧疚。

妈妈爸爸,请安心过你们的生活吧!如果下次有机会,我还愿意做你们的孩子,和你们爱我一样,我也深深地爱着你们,只是希望下次,我们之间只有纯纯的爱!希望下次,我再成为你的孩子时,我们一家人不再有对未来的恐惧,我们一家人能够自信踏实而快乐地生活!

安先生动通加油站

被陈旧的思想绑架了自己的判断,失去了觉察,对事物的评判只有对错,就会让人觉得生硬,难以接受。尊重感性,让爱自然流露,在保持自我觉察的同时,时刻觉察对方的感受,才会营造健康舒适的生活空间。

不在一个频道

找到完全的、真正的知音,实现人与人之间的无障碍沟通或无缝连接,是不可能的。因此,人在跟别人沟通时,必须保持某种谦卑。我们都生活在自己的主观世界中,别人内心世界是个什么样子,我们永远无法知晓和表达。

(引自《动力沟通理论与实践》,石油工业出版社,2014)

妈妈难当

关于这个多变的世界,关于如何适应这个多变的世界,关于自己孩子未来的生存和发展,每个妈妈都有很多自己的设想。同时,这个快速多变的世界,甚至给很多妈妈们带来很多焦虑和恐惧,因此她们更要早早地武装自己的孩子,以便让自己的孩子具有竞争优势,从而有一个更加辉煌的未来。

安先生动力沟通团队针对这种情况,在全国各地开展全民健心运动,普及家庭教育科学理念,并以呼唤妈妈静下心来感受孩子、陪伴孩子为主要入手点。我们先来看看一位妈妈,一位动通爱好者发布在动通大本营博客上的感人文字。

"你能不能快点!!"

"做什么事都是慢吞吞的,浪费时间!!!"

"写作业又开始玩了!!!"

"我都要被你气死了!!!!!"

……

我对女儿类似这样的严厉呵斥,以前每天都要上演数次,随着感叹号的增加,音量的分贝也随着发火的次数上升,直至孩子由恐惧慢慢改成不屑和叛逆。

每一次对孩子的不满,让我变得越来越歇斯底里,脾气也越来越暴躁,而每一次这样糟糕的情绪都让家庭的每一位成员深受其害。孩子越来越不快乐,学习效率和生活能力并没有提高,写作业的时间一次比一次长,生活上也更依赖我这些"督促"了。

我对孩子的未来充满了焦虑,担心她以后是否能够接受好的教育,担心因为作家长的无为而影响她以后的发展。望女成凤的我，觉得只有对孩子严格要求，她未来也许才能够更从容地在这个社会上立足……种种担心，让我不得不现在对孩子严厉一些，日后孩子就会理解我的良苦用心……

我让自己关于孩子的未来的想法当了家，完全不顾孩子当下的感受，与孩子的冲突越来越激烈，感觉自己要疯掉了。

在人云亦云的社会风气中，在对孩子未来的担心和恐惧中，在对孩子成龙成凤的美丽幻想中，我忘记了每一个孩子都是独一无二的天使，开始一味地想当然地揠苗助长。后果可想而知，她的这几年几乎每天都在我的"大吼大叫"中惊恐着度过……这是我期望的吗？

在安先生的启发下，当我慢慢认识到这一点的时候，孩子成长的环境也在慢慢地发生着改变。我在耐心听着孩子讲着学校发生的事情，事情对于一个成年人来讲没多大意思，但是因为有了反审觉察，自己才能够站在她的角度和她一起分享着孩童时期苦与乐，而不是不屑地打断她的话，或者粗暴地让孩子闭嘴。当孩子有了一点点主动学习的想法时，不再会因"你现在才想到要主动学习"而嘲笑她，而是对她的想法予以肯定，为她的进步感到高兴。

静观这一点一滴的变化，半年多来，七岁的她慢慢地主动安排时间，自己管理自己的学习和生活。我也在这个过程中享受着自己的生活，就像在耐心地等待花开一样，静静聆听着花开的声音。

在这个快速变化的世界上，当妈妈开始失去了内心的宁静，开始一厢情愿地要求孩子时，往往造成了很多不快，制造了很多沟通障碍，甚至也造成了很多悲剧。有个家长曾经与安先生有过这样一个对话：

家长:"孩子前几天得鼻炎流鼻涕,回家对我说,有坏男生和一些小孩儿给她起外号。我说,你学习不好,同学们不愿和你玩。这点事不算啥,你成绩上去了,同学们自然和你关系就好了。这孩子就是不合群,朋友少。"

安先生:"孩子听了怎么说?"

家长皱着眉头:"孩子挺生气,很生气地一摔门回自己屋了。"

安先生:"她爸爸怎么看这事?"

家长眉头更紧了:"她爸爸更不行,直接问,是谁?我去找他家长。孩子就更生气了。"

安先生:"每个孩子都有自尊心,都希望和同学相处好,看来她自己对父母的帮忙不买账,想靠自己来解决这个问题。但为什么听完你的话之后生气地一摔门走了呢?"

家长思考中……

安先生:"孩子告诉家长学校里的事情,往往并不是想要家长帮她解决这个问题,他们可能是借跟家长说这件事,让家长了解自己,同时也平复自己的心。"

家长有点明白似地点点头:"看来我们的沟通的确有问题。现在孩子很少和我交流了。"

安先生:"孩子本来想告诉你一件同学给她起外号的伤心的事,你不关心她的情绪,反而扯到成绩上,扯到是因为成绩不好影响她和同学之间的友好相处,孩子不生气才怪。如果你的老公告诉你自己如何受科长的气,你告诉你老公,谁让你不是局长、处长,你要当上,科长敢欺负你吗?你要真跟老公这么说,看看他不跟你急?"

家长明白了:"是啊,先读懂孩子很重要。"

当代的家长,总担心孩子输在起跑线上,因此总急切地、居高临下地往孩子头脑中灌输各种各样的观念,补充各种各样的知识,进行这样那样的提醒和规劝,而唯独忘了:陪伴孩子,感受孩子!

> **安先生动通加油站**
>
> 沟通双方或多方存在差异、矛盾和冲突是必然的、在所难免的,动力沟通追求的结果不是改变谁,而是承认和接纳差异、矛盾和冲突,共存共赢。

讨伐家长的檄文

你的孩子并不是你的。他们是"生命"的子女,产生于生命对自己的渴慕。

他们经你而生,却不是从你而来,虽然他们与你同在,却不属于你。

你可以给他们你的爱,却非你的思想,因为他们有他们自己的思想。

你可以供他们的身体以安居之所,却不可锢范他们的灵魂,因为他们的灵魂居住在明日之屋,甚至在你的梦中,你亦无法探访。

你可以奋力以求与他们相像,但不要设法使他们肖似你,因为生命不能回溯,也不滞恋昨日。

……

(纪伯伦《你的儿女》)

纪伯伦的这首诗用优美的语言传达了这样一种科学理念：孩子代表着未来，明智的妈妈愿意向孩子学习，尊重孩子！但是，妈妈们往往忘记了这一点，带着冰冷僵硬的心灵，用居高临下的生硬语言鞭挞着孩子稚嫩的心灵，让孩子的心灵也逐渐变得僵硬冰冷，并与父母之间产生裂痕，以至于产生所谓的"代沟"。现在"代沟"这个词，在家长和教师等肩负着对年轻人教育任务的成年人嘴里经常出现，似乎已经成了一种共识。其实，在动力沟通人看来，"代沟"是个伪命题！为什么这么说呢？

因为儿童的心有着几乎无限的灵动性，儿童有着强大的学习、变化的可能性。这不，就有"狼孩"、"猪孩"出现吗？孩子，跟着狼生活，就变成了狼的习性；跟着猪生活，就变成了猪的习性。他们跟"猪"和"狼"这样"死脑筋"的动物，都没有"沟"，怎么会跟聪明的爱学习的成年人，有了"代沟"呢？

所以，"代沟"这个名词，可能是成年人的耻辱。因为沟是固体之间的裂痕。"代沟"的广为流行，表明成年人，尤其是肩负着教育工作的成年人，他们的心凝固了。他们的心不再灵动和开放了，不再是"气态"或"液态"，而成了"冰"、"干冰"一样的固体或类固体了。由于"冰"的寒冷经常影响着孩子，甚至把孩子那鲜活生动的赤子之心，也给暂时凝固成"冰"了。成年人冰冷坚硬的心，不断摩擦孩子那柔软的渐渐变冷变硬的心，摩擦多了，就有"沟"了，由于存在年龄和辈分差异，于是"代沟"就成了一个响亮的流传久远的名字。

"代沟"这个词让我们生动看到了教育者美化掩饰自己的冰冷而不愿意改变的"冰心"。因此，安先生希望通过"女子安 天下安"、"妈妈在 家就在"为代表的全民健心运动倡议，并通过动力沟通理论与实践的广泛普及，让我们内在生命动力燃烧起来，融化我们的"冰心"，让它升腾、升华、流动、激越，从而争取时时能够以一种"开放、自信、谦卑、负责"的心态，与孩子、家人、同事、同学、朋友等温暖相处！

"理想虽然精彩，现实有时却很无奈"，这个美好的愿景的实现过程未必是一蹴而就的。对于这种无奈的现实，一位动力沟通爱好者，生动地记录下在参加一次家长会过程中女儿会中和会后的表现。

一天参加女儿（初三年级）期中考后的家长会，老师把向家长们介绍学生情况的工作，交给几个小组长，让组长向家长介绍本组的学生情况，也鼓励家长就孩子课堂纪律、作业情况、与人交往等各方面表现任意提问。

在介绍本组的情况时，作为组长的女儿迅速投入了角色。

"叔叔好，阿姨好！付××他也写作业，上课能听课，不过会走神；懒，政治之类需要机械记忆的科目都不太愿意下功夫。所以……"

她毫不留情，继续点评："张××和孙××关系不好，下课闹上课也闹。张××经常不带学具和老师要求的学习材料，孙××不好好听课，抄作业。总而言之，他们三个的共性是不知道自己为什么学习，也没有找到合适自己的学习方法……"

虽然我肯定作为组长的女儿说的是实话、真话，但是这么直接，我还是感觉脸热了，怕其他的爸爸妈妈们受不了。于是，我用温婉的语气跟旁边的家长谈到女儿的小脾气和我的应对等等，借以缓和略显尴尬的气氛，孙××妈妈说："你家的女儿多好！我家的怎么对她都不行，管也不行不管也不行，我真是都想放弃她了！"

女儿听见了孙××妈妈的话，不等我说话，就开始批评了："做父母的，永远都不可以放弃自己的孩子！"

女儿的眼神是热切又有些愤怒的了，继续说："叔叔阿姨，你们最好不要居高临下，这种自上而下的态度，是很难与我们这个年龄段的孩子交流的。我感觉家长们需要考虑下交流探讨的模式。未来是孩子自己一步一步走出来的。他想要什么样的未来，就应该付出什么样的努力……"

那时的她很像家长，在教育几个真正的家长身份的人。

在回家的路上，女儿还认真地问："对我反馈的情况，参加会议的家长们是怎么说的呀？"

我说："孙××的妈妈无比艳羡，认为你口才真好。"

她略踌躇，随即又问："仅仅如此吗？"

我有点想笑，还不到14岁的少年，你想得到什么答案？但是没有笑出来，只是点了点头。

回到家里，她迅速拿出手机，说："我要发朋友圈。"于是，我看到了下面慷慨激昂的文字：

"我只希望巴拉巴拉说了这么长时间的结果，是家长们能真的能听进去我的话，而不是换来一句'口才真好'。

如果真是那样，那讲了一点用没有，爸爸妈妈并不是什么都懂，我希望他们能认真倾听来自我们——他们子辈的声音。

我说真的，如果再这么自以为是下去的话，被毁掉的九零后零零后不会是一个小数目。或许这些话轮不到我来说，但是我们的父辈们，你们真的站在这个角度考虑过吗？

不要因为自己的出发点是对孩子好，就认为自己永远是对的。不要急着反对，问问自己，平时是不是真的怀着这种心态在面对我们？……"

俗话说"站着说话不嫌腰疼",教训人总是容易的。已为人父母的读者们,你们在听到这个初中生的教训时,感受如何呢?再想想自己,我们可能说的还没有这个小姑娘好,但是教训起孩子来,可是比这个小姑娘更起劲、更傲慢!

智慧的妈妈们,我们能否停下头脑中、舌头上喧嚣的语言,认真倾听和感受孩子呢?

谁在听,谁会听,谁就有智慧。聪明的父母会听,因为他们愿意了解孩子。

谁的话有人听,谁有人关心,谁就能长智慧。

想让孩子长智慧,智慧的妈妈都应该会多听听他们的心声,多了解他们、感受他们。

安先生动通加油站

与孩子相处的情景永远是动态变化的,家长别把自己的想法太当回事儿,而愿意认真观察孩子的状态,是家庭教育成功的关键。

CHAPTER THREE
感受孩子

某人得一宝贝紫砂壶,天天把玩、夜夜抚摸。一天晚上失手将壶盖打翻在地,甚恼。心想壶盖没了,留壶身何用?于是抓起壶扔到窗外。

天明,发现壶盖掉在棉鞋上,无损。恨之,一脚把壶盖踩得粉碎。出门,见昨晚扔出窗外的茶壶,完好挂在树枝上……

人的思想虽然来的敏捷,并且具有指导行动的强大力量,但是它永远是现实世界的简单描绘,没有现实来的准确!停止思想的喧嚣,感受现实,感受孩子,才是妈妈智慧的源泉。

再等等再看看

每张小小脸庞
我们都该仰望
每一个小孩都是
一道光
给小孩做梦的床
给小孩远眺的窗
看他们会带我们
到多美地方
给小孩远扬的帆
给小孩勇气的桨
这世界一定会变得
更明亮

（引自歌曲《给小孩》施人诚作词）

关于说和听的关系，动力沟通理论给出了这样的说明：

1. 说话者，是成长者；倾听者，是给予者。

2. 在讲话的过程中，说话者根据倾听者的反应，增加了经验，增长了智慧；在倾听的过程中，倾听者把宝贵的注意力分给了说话者，给说话者以表演的机会，把自己的智慧默默传递给了说话者。

3. 说和听（成长和陪伴）的关系不是固定的。谁有表现的欲望并在表现，谁就是成长者；谁有倾听的愿望并认真倾听，谁就是陪伴者。

因此，在家庭教育中，动力沟通强调智慧家长：

1. 不急于表现自己，认真观察倾听孩子，就是对孩子的最大支持。

2. 承认孩子的主体性、主动性。只要合适，自己就不显山、不露水地配合对方。换句话说，孩子是主人，智慧家长努力理解他的意图，配合孩子的行为；孩子是主角，智慧家长是给孩子跑龙套的。

3. 只要孩子的行为没有伤害他人利益，没有伤害社会，没有触碰道德底线，家长就不要惩罚孩子。

安先生动力沟通团队这种看似无为而治的家庭教育理念，在现实生活中发挥了很好的作用。我们先看看一个接受这种理念的妈妈，她写的生动文字：

儿子三岁之后越发有自己的主见，每天早上醒来，我都会告诫自己今天不生气，可是他很快就会制造一些"事端"让我火冒三丈。事后都会反思如果我是孩子，我也不喜欢我这样的妈妈，真是缺乏修养，但总是无法控制自己。

一次，我周六在中国科学院心理研究所上动力沟通版的家庭教育课，回到家后太累了，就在床上休息一下，想着一会儿去做饭，这时听到儿子在客厅里动静不断，心想"坏了，这家伙肯定又折腾什么了"，但也懒得立刻起来，等大概十分钟之后，我走出房间时混乱的一幕出现了：地板上洒满了面粉和盐，他正在用小手沾着水把面粉和盐和在一起，一副聚精会神的样子，根本没发现我的到来……

要是以前，我又发作了，那天，我换了种方式，掏出手机拍下了这一幕发到微信朋友圈，问大家遇到这种情况会怎么办？

这时，儿子抬头看到我，先是惊了一下，继而又看到我非但没责怪他，反而面带无奈地笑着看他的作品，于是兴奋地说："妈妈，你今天上课累了，我在帮你做饭呢。"

听到他这么说，我的心顿时就融化了，和这个三岁的小孩相比，我这个妈妈真是太不称职了。我想如果刚才像过去那样咆哮着凶巴巴地制止孩子的"捣乱行为"，虽然能换来表面上短暂的宁静，但是不能了解孩子内心在想什么。但今天我忍住了，先让自己的心静下来，没想到竟然得到孩子那样感动的答复。

我蹲下来抱抱儿子说："谢谢你，宝贝！"儿子反倒不好意思地笑了。

这次只是由于上完课后的疲劳和偷懒等了10分钟，所以停止了管教和咆哮，却无意中有机会感受一下孩子，效果马上就不一样。

这时再打开手机，看到了朋友们的回复，大部分都说，"我会疯的"，也有朋友说，"他在搞创作吧"……我回复：换作平时我又咆哮了，但今天我忍住了，没想到竟然收获到孩子那样感动的答复。

安先生动通加油站

人的理性，人的概念系统，人的价值判断，都是可以在不为人知的情况下，偷偷塞到人头脑里的！依靠想法生活，远不如依靠自己的感受，观察并参考自己的想法来得实在！

当我停止责备时

一个男孩收到爷爷送给他的一只小乌龟,男孩很高兴,很想和乌龟一起玩,但乌龟初到陌生的环境,一下子就把头缩进壳里,男孩用木棍捅他,但小乌龟一直没有把头伸出来。爷爷看到后对男孩说:"不要用这种办法,来,我教你一个更好的办法。"

爷爷和男孩把小乌龟带进屋里,放在暖和的壁炉旁,几分钟后乌龟觉得热了,便伸出头和脚,爬了起来。爷爷对男孩说:"有时候人也像乌龟一样,不要用强硬的手段逼迫他,只要以善意、亲切、诚挚去感受,使他觉得温暖,他一定会做你需要他做的事情。"

教育孩子,是一个艰苦的斗智斗勇的过程,孩子有孩子的想法和愿望,家长有家长的道理和判断。如果家长总是一厢情愿地限制孩子、教育孩子,而不觉察孩子,肯定会事与愿违,成为孩子心目中的"蜘蛛、蝎子、蛇"妈妈,并且妨碍孩子的健康成长。如果妈妈愿意放下身架,感受孩子,往往会取得意想不到的效果。下面我们再看一段动力沟通爱好者的文字:当我停止责备时。

我总是对孩子充满担忧和焦虑,总喜欢把孩子限定在我认为"安全"、"不会给我找事"的范围内,结果总是不能如愿。在家里他不停喊"妈妈你过来"、"妈妈你陪我玩儿",让我超级烦;偶尔参加聚会或走亲戚带上他,生怕他捣乱,结果他就真的状况不断,一会儿闹着要吃这要玩那,一会儿和

CHAPTER THREE
感受孩子

小朋友打架，后来干脆上哪里都不带他。

有时候做梦都想自己的孩子如果"乖巧听话、有爱心、负责任、学习好、彬彬有礼、干净整洁、不捣乱、该文静的时候文静"，那该多好呀。看见别人家的孩子那么有礼貌那么优秀，除了羡慕，真想冲我家这个脾气臭、爱哭闹、像头倔驴的孩子吼：你咋就这么不争气呢？

总是在想，啊！为啥孩子让自己这么费心呢？总幻想着忽然有那么一天，孩子变成了风度翩翩的少年向我走来……

有一天，我忽然"良心发现"，发觉一天中我对孩子做得最多的事情居然是"指责"。回家晚，指责；不按时写作业，指责；不按时睡觉，指责；不按时起床，指责；电视看超时了，指责……

太可怕了，这怎能不让孩子心烦？孩子怎么会不反抗？意识到这点后，我改变了做法，开始学着尊重孩子的意愿，学着不再简单地用自己的想法限制他。

以前给孩子借书，都是我自己做主：《格林童话》《影响孩子一生的好故事》《让孩子养成好习惯的故事集》《中国古代神话故事大全》《中国寓言故事》《365个睡前故事》《培养孩子好品德的故事》等。孩子对这些书兴趣并不高，于是总是我主动要求给孩子讲，他百无聊赖地听着。这次去借书，让孩子自己选书吧。结果孩子拿过来他选的书我还真是吃惊不小，跟我给他选的风格完全不一样：恐龙呀，狼呀，猫呀狗的。但孩子听的效果也跟我选的完全不一样，那叫一个入迷，每天必听，意犹未尽，欲罢不能。

一天晚上7：40了，我要去朋友家借书，本来不打算喊他去，怕他又在朋友家或是外面玩得不回来。后来我决定还是喊上他，我想我得相信他，就算出状况了也是教育的机会呀。我先告诉他：我要去朋友家借书，要不要和我一起去。孩子高兴地和我一起出了门，他丝毫没有贪恋路途"美景"，一

妈妈在 家就在

pretty mum & sweet home

路跟着我到了朋友家。我们先后选了书，就直接告辞了。出了门，孩子又迫不及待地打开书说："你给我讲吧。"

"光线太暗。"

"手机灯打开来看。"孩子说完，就上来打开了我的手机灯。

看来我还是得换策略："宝贝，你真是好学上进，但在这路灯下讲，我都看不清楚，我们还是快点回家讲吧。"孩子听话地一溜烟就跟我回了家。

还有一次，我和孩子一起买完书回家，我提了两袋东西和孩子走在路上，他说："妈妈你给我讲这本书上的故事吧。"

"给你讲故事我怎么看路呢？"

"我给你看路给你翻着书呀，你给我讲嘛。"

我心里想，这孩子咋又这么不懂事？但转念一想，嗯，我得站在孩子的角度说话了："哎呀，宝贝这么爱学习呀，这么用功，走路还想看书，照这个劲头一定会进步的。妈妈现在两手上拎的全是东西，再加上大太阳照得我眼花，真不方便讲，一会儿到家了好好讲吧。"孩子乖乖听了我的话，此刻俨然就成了我心目中文静的小绅士。

一天晚上我讲完故事，孩子不满地说："哎呀，才讲了一个故事。"

我冲口而出："谁让你回来那么晚？让你8点半回来，你偏要8点50才回来，玩的时候怎么不嫌晚？"

孩子听了哼哼唧唧，我意识到自己又犯老毛病了，赶紧改口："这故事太吸引人了，要是能再听上一个该多好啊，明天我们早点开始吧。"神奇的事情真的发生了：孩子一下子就微笑了，频频点头。

随后的一天，临睡觉前，孩子说："妈妈让我看看你买的功夫熊猫3和我选的图片是不是一样的？"说这话的时候时间已超过9：20了，我应付他：

CHAPTER THREE
感受孩子

"原图不好找了。"

孩子说:"妈妈,我先去睡觉,你找找,找到了我明天再看吧。"孩子大概猜到了我的小伎俩,但他没有点破,更没有像以前非要翻出手机去看。

一次念书时,我念道"从此刻起,我不指责、批评孩子……我要认真倾听孩子。"

"妈妈,指责是什么意思?"

"比如,那天我冲你喊,'谁让你回来那么晚?让你8点半回来,你偏要8点50才回来,玩的时候怎么不嫌晚?'这就是指责。"

孩子听着我学以前那种恶声恶气的腔调,大笑起来。"妈妈,那倾听就是静静地听,不打断别人。别人正在说话,插话是不礼貌的,想说的话等别人说完了,再举手说。"

"呀,儿子,你解释得太对了,就是这个意思。"

还有一天,孩子正在说话,我打断他,可我刚说了半句,就发现自己不该打断他,赶紧打住不说了。孩子看着我:"妈妈,你继续说,你先说。"说完就静静地等着我说了,真像个小绅士。反而是妈妈羞愧了。

当我静了下来,开始觉察孩子时,孩子出"状况"的时候反而越来越少了,我们家也越来越温馨幸福了。

安先生动通加油站

每个人或许自童年起就有一个隐秘的梦想,随着孩子的出生、自己升格为妈妈,我们常常忘记了这一点,开始把自己的梦想放在孩子稚嫩的肩上,把孩子的梦推到一边。"你喜欢,我不喜欢!"常是孩子内心真实的声音。

感受比语言重要

我愿我能在我孩子自己的世界的中心，占一角清净地。我知道有星星同他说话，天空也在他面前垂下，用它呆呆的云朵和彩虹来娱悦他。那些大家以为他是哑的人，那些看去像是永不会走动的人，都带了他们的故事，捧了满装着五颜六色的玩具的盘子，匍匐地来到他的窗前。

（引自泰戈尔《孩子的世界》）

动力沟通理论一致强调，成年人都生活在语言的世界里，成年人的世界都是通过语言来描述的。但是，语言只是对世界的粗糙的局限性的描绘，是关于世界的标本或旧地图。然而认识世界，必须用语言表达，与人沟通，也必须使用语言这个旧地图。

因此，家长在说话时，一定要知道，此时，我们已经在用一个旧地图来规划这个多变的世界，已经在用一个粗糙的局限性的工具，来指导我们的孩子，这个未来之星。只有家长意识到这一点，开始用心感受孩子的心情时，语言才可能发挥一点点作用。下面我们仍然通过动力沟通志愿者的文字，来体会这一点：

午觉小睡了一会儿，轻声叫醒宝贝："要上学喽！"

孩子动了动身体，随之就搂住我的胳膊："妈妈，抱一下。"我毫不吝啬地给了她一个大大的、温暖的拥抱。这时，孩子说"妈妈，你送我上学吧。"

感受孩子

由于爸爸上班顺便送孩子比较方便，一直是爸爸送孩子。听孩子这么说，我答应了，不过也随口问道："好的。不过我很奇怪，爸爸今天在家呢，为什么不让爸爸送呢？他可以直接把你送到学校啊！"

"不要，他老是吵我。"孩子说道。

"哦？"

"今天他去接我的时候，我就在回家的路上，用手动了动路旁的四季青，他就吵我'别动了！不嫌脏！'"孩子一边说，小嘴已经翘起了老高。"爸爸经常为一些特别小的事儿来吵我……"

女儿在放学的路上会摸一下路旁的小树叶子；看见哪个阿姨推着婴儿车，非要和咿咿呀呀的婴儿神一般的对话后，两条腿才听使唤……她在用心地感受着这个世界的美好，在她丰富自己的内心世界的时候，我们作为父母会做些什么呢？会有什么样的反应呢？

我没有再说什么，只是继续抱了她一会儿。看来孩子已经对爸爸一贯以严格、严厉、严肃的教育开始有了不同的想法。（呵呵，哪里有压迫哪里就有反抗。）

我这时的脑子里在想，怎么样来安慰这个小家伙，或者对她解释点儿什么，却不知从何说起。孩子小的时候，我那时没有接触过动力沟通，育儿理念则是对孩子一定要严格管教，条条框框很多，结果却是孩子做什么事情都畏首畏尾，我们还责怪孩子没有主见，孩子越来越不开心，做事情越来越胆怯……

现在想起来都有些后怕，在接触动力沟通之后，明白了感受孩子才是妈妈的使命，因此慢慢地在陪着孩子成长的过程中，发现自己对孩子多了一些宽容，多了一些情绪上反馈，少了一些说教，换来的却是孩子一天天的笑容和乐观自信的态度。因此，见到孩子不愿意爸爸送，我也没有特意为了和爸爸统一战线，跟她讲一大堆的道理，比如告诉她爸爸是为了她好，别乱摸那些脏的东西……

"宝贝儿，你有几只耳朵啊？"

"啊？……两只啊。"孩子有些疑惑。

"你看，我们的这两只耳朵，一边一个，爸爸的或者别人的一些建议、看法或者说法从我们的这只耳朵里进去，如果我们同意他的看法，我们就会把听到的东西，留在头脑中，让他们的意见在自己头脑里生根发芽，这样呢，我们就会变得更聪明；如果不同意呢，我们就不让它们在脑子里停留，让听到的话从另外那只耳朵出去就行了。一个耳朵进一个耳朵出，说的就是这个意思。如果别人说啥我们都听取了，那要两只耳朵干什么呀？"

孩子听了我的话，兴奋地哈哈大笑起来，好像爸爸责怪她的话已经抛得远远的，边笑边说："妈妈，今天上午我在学校里吃奶片了，老师奖励给我的，说我写的成语又多又好……妈妈，老师说做课间操的时候我也得带队……妈妈，你快上班走吧，别迟到了。一会儿我让老爸送我。"

"……好，晚上见。"

感恩我的宝贝。看来，只要感受、接纳了孩子的情绪，瞎编的故事，似乎也有点作用。不过我知道，虽然两只耳朵的故事讲完了，但在孩子成长的过程中，还会有续集。目前对于8岁的女儿来讲，也许这个故事还勉强能够让孩子听一会儿，对于一切未知的续集，我们父母的成长远比孩子的成长重要。

安先生动通加油站

我们每个人都生活在滚滚红尘中。这个红尘,其实就是语言。人类区别于其他动物,就是因为语言这种红尘。人类能够进步,就是因为用语言记录了人类的体验。正是因为语言,人类才能够继承前人的智慧成果,踩着前人的肩膀前进。但是,仅仅关注语言,我们也会脱离现实生活。所以,别把语言太当回事儿,感受身边的人,才是真的。

站在对方的角度去体验

因为爱着你的爱

因为梦着你的梦

所以悲伤着你的悲伤

幸福着你的幸福

因为路过你的路

因为苦过你的苦

所以快乐着你的快乐

追逐着你的追逐……

(引自歌曲《牵手》)

人们常说,世界上没有两个相同的花瓣儿,安先生爱说,更没有一成不

妈妈在 家就在
pretty mum & sweet home

变的教育方法,唯一不变的,可能就是"变化"。家长,要不断地变化视角,努力站在孩子立场上,感受孩子的感受,体悟孩子的思想。只有当我们知道孩子爱什么、梦什么的时候,我们才能够真的快乐着孩子的快乐,追逐着孩子的追逐,陪孩子健康成长。只有这样,当我们唱起苏芮这首歌的时候,才能名副其实,而不至于心虚。

现实中孩子的心态、状态和愿望是复杂多变的,即使妈妈学富五车、阅历丰富,也难以完全了解孩子的当下的需求。智慧妈妈唯一能做的,就是放下自己内心的想法和期待,细心地体会孩子的细微心理活动和发展变化,并把对孩子状态的感受,带着尊重温暖地呈现出来,让孩子产生一种被妈妈理解和尊重的感觉。这种被理解、被尊重的感觉,是孩子心情舒畅、快乐成长的基础,更是建立融洽的亲子关系的基础。下面是安先生团队的动通大本营博客上的一篇妈妈的文章。

暑假期间,一天吃过晚饭后,我发现床上放着女儿那个大大的粉色书包,里面塞得满满的,我一看:穿的,洗漱用品,护肤的,书……很是齐全,以前出去这些事情都是我准备的,她就没管过。

我很吃惊:"宝贝,你这是干什么呢?"

"我要跟蕾蕾到她妈妈那住个五六天的!"

"不行,大夏天的不方便,人家妈妈看店,也没时间伺候你们,吃住都不方便。"

"没事,我们自己照顾自己,没吃的那里有饭馆、酒店、超市吧?我们去买,我带六百元钱就行了!"

"不行,没有人陪着,有车有水的,不安全!也给人家带来好多麻烦!

说的倒是轻巧……"

"我自己能行,为什么总是你有理!我想做的事情不能做活着有什么意思?!你不爱我就直说好了!"女儿急了,眼泪爆豆一般流了下来。

我一听,呆了,把有些咆哮的语气放低,跟她说:"妈妈是爱你的,如果不爱你,哪管你的安危。人有很多想做的事情却不能任着性子做,要考虑一下别人的感受,还有后果……"

她偶尔辩驳几句,我担心自己说的太多了会适得其反,就商量先放下这件事情休息,如果需要明天再探讨。

躺下后,我回顾和女儿的这次沟通交流过程,发现自己还是站在大人的角度去禁止、去命令,去讲大人的道理,我试着把自己放到女儿的位置去考虑她的"固执",感受到女儿对同伴的渴望,那种情感是我们这些忙碌于自己事情的家长无可替代的,我想我应该首先去理解孩子,去共情,接纳孩子的想法,才能让孩子懂得我的爱和我的不赞同……

第二天早上,我发现她依然没有改变主意,继续劝说我答应她的要求。我想或许昨晚女儿和我一样睡前都在"反审"自己与对方沟通中存在的问题,调整着自己的策略。

因为和蕾蕾家长并不熟悉,况且隔得也有点远,一个不足十岁的孩子去人家家里,是要给人添很多麻烦的。怎么办?于是我就按照昨晚换位思考的想法和孩子进行了又一次的沟通:"宝贝喜欢和蕾蕾玩耍,不想与她分开,是吗?"

"嗯!"女儿点点头眼巴巴看着我,眼睛里还满满的是渴望,让我有些不忍拒绝。

"妈妈理解宝贝的心情,妈妈也喜欢你们一起开心玩耍。蕾蕾在她姥姥家住了这么些日子,她妈妈一定很想她,可能已经安排了很多的活动要和蕾蕾一起做,女儿去了是否会打破人家的计划呢?"

"可能会,但是蕾蕾也邀请我去呢!"女儿的目光有些黯然,语气缺乏了原先的倔强。

"这几天妈妈也想和宝贝待在一起,很好奇你们这段时间都玩了什么有趣的东西,你是否教妈妈玩玩?"

"好啊,我们一起玩陆海空的游戏,还有一起改编歌曲,自编舞蹈……"女儿眼里开始闪光,语气透着欢愉又开始爆豆子,只是这豆子像音符在跳跃……伴随着愉快的音乐和舞蹈,女儿的"出走"计划就自动地搁浅了,仿佛被飘到了一个被大家遗忘的角落里。

我事后分析,可能是女儿感觉到被妈妈理解了,也体会到跟妈妈在一起的乐趣,同时也想到自己去同学家之后,可能会给同学与她妈妈的交流带来麻烦,于是故意假装忘记了出走计划吧。最重要的一点,也许是我平时陪孩子的时间太少了,所以孩子就"自己安排"了,一旦我安下心来陪伴她,外面的吸引力自然就会下降……

安先生动通加油站

在生活中,我们必须承认自己的无知,保持自己的心灵自由,在承担责任中不断反思、总结和提升。任何一个试图偷懒的人,试图依靠某个固定的好方法的人,将最终发现自己变成了瘸子,而且"好方法"这个拐杖,会变得越来越扎手!唯一不变的好方法,可能就是觉察变化、适应变化。

狂风暴雨与狂轰滥炸

流水不腐，户枢不蠹，一旦内心封闭，不但自己不会成长，还会成为亲人成长的障碍。亲子沟通的过程就是封闭的内心与充满灵性的开放的内心之间的碰撞。妈妈的内心，只有变得灵动，开放，愿意感受孩子，才能与孩子同频共振，才能共同成长。

文静是动通家庭顾问服务的一个对象，她有个女儿叫小雨，据说是多动症，文静非常烦恼和痛苦。在听到安先生的一次动力沟通讲座"做一个明智的家长"后，文静成了动通顾问团的客户，开始接受动通顾问团队的服务。

文静一进服务群，表现的并非像她的名字那样温和，而是急不可耐地述说起小雨在学校的种种不尽如人意的表现、老师让家长很难堪等等情况。呈现出来的看似是对女儿和老师的不满，但是言语里透露出的是想让女儿变成自己心目中乖乖女的急迫心情。

接下来的一个月是难熬的一个月。由于刚开始接触的不信任，只要牵扯到自己内心感受，文静总是把自己包裹起来，外面就像有一层厚厚的保护壳，难以近身。但是有关小雨的事情，她总是直言不讳，想让女儿变成心目中的那个臆想的小雨的愿望每次都表现的一览无余。

在对待小雨的问题上，作为妈妈的文静，总是在按照孩子老师的要求，督促、指责女儿，同时她的惯性思维也驱动她有意无意地说服动通顾问团跟她站在一条战线上，帮着她出主意想办法，尽快拿下小雨，让小雨听话、配

妈妈在 家就在

pretty mum & sweet home

合。

安先生一方面心疼小雨的状态，一方面忍不住想埋怨几句文静，怎么不用心去感受女儿小雨的感受：一个在学校适应不良的学生，内心肯定充满了苦楚！这样一个经常受老师批评的孩子，在外面历经风雨后，回到家庭这个温馨港湾，本来期望得到妈妈温暖的爱的滋养，但是，等待她的仍然是妈妈的狂风暴雨！因此，小雨幼小的心灵承载了多少我们谁也不知道。文静这个"老巫婆"一样的妈妈竟如此对待小雨，让人着实难过。

在顾问服务的过程中，逐渐了解了文静的不为人知的地方：文静母亲是一位带着女儿生活的离婚的单亲妈妈，她对文静的管教就一直非常严厉，文静从小到大也非常优秀。如今文静在一个大型跨国公司担任中层领导，工作也非常繁忙，经常加班到深夜。文静从小到大的成长的经历，也让她不能容忍自己女儿不优秀，所以不由自主地常常对孩子的稚气的表现"零容忍"，但是令她没想到的是，在自己女儿身上，越坚持零容忍，问题却越来越多了。

作为陪伴者和第三人的安先生顾问团队该怎么办？我们反其道而行之，也对她进行"零容忍"的狂轰滥炸！

下面摘录一些动通顾问团队与文静的交流。

安先生："谁在无语地感受，谁就是妈妈！一个家里，只要有人在无语地感受，这个家里就有妈妈，这个家，就是个家！你们家里，我看小雨才是真的妈妈呢。"

有一次，文静说孩子又在学校跟同学打架了，按照约定，回来之后，用戒尺打了小雨的手掌18下，自己也是含着眼泪打的，看着小雨红肿的手，内心也特别不是滋味。

安先生："我看你，就这个水平，还真用戒尺打孩子18下，真的狠心呀！妈妈如果水平高的，一个眼神，就会让孩子终生难忘！如果水平差，只会打孩子，让孩子降低自尊，并且把挨打、受肉体的折磨，当成心安理得逃避成长责任、降低心理压力的手段！"

文静："我知道自己是水平差的，现在无能感、无力感很强。"

安先生："祝贺你，终于知道自己水平差了，那就安心多向小雨学习吧。"

在动通顾问这样形式的陪伴和启发下，妈妈终于开始感受女儿了。一天她给动通顾问发了如下的信：

在小区里和女儿跳绳，跳累了就边散步边聊天，休息一会儿再跳，看着身边或老或少从身边走过的都有个伴儿，突然感觉自己很孤独，第一次担心自己不会老了没人陪伴散步吧？突然感恩女儿的陪伴，幸好我还有她。

安先生的回答是："哈哈，女儿如果优秀，会走的。如果是个窝囊废，啃老族，可能会陪在你身边，花你的钱，但是陪着你。你现在就是怕她优秀，怕她离开你，在把她往窝囊废、啃老族、家里蹲的方向上培养呢。"

总之，动通顾问通过各种方法，让文静自己觉察在处理女儿问题上的过激、不妥当行为。随着接触时间的增加，文静渐渐懂得了觉察的含义，并给我们提供了这样一个温馨的故事。

最近又一次接到老师的电话，说小雨上课时自说自话，不听讲。任课老师把小雨带到班主任办公室，让班主任给文静打电话，文静从电话里就能听

妈妈在 家就在
pretty mum & sweet home

到女儿在教师办公室的"咆哮"声,但是,这次文静真的文静了,她请假去学校接孩子回家后,并没有像以前一样咆哮训斥小雨,而是站在孩子的立场写下了这样的文字:

老师跟我说了孩子的各种不服从管理、不听话,我认真地向老师承认错误,道歉。看到女儿可怜的小样子,我心里很痛。回家的路上孩子不敢和我说话,走在前面,当她怯怯地回头看我时,我眼睛湿润了。

我向孩子伸出手,她微微一缩,有点担心打她,我说:"来吧女儿,把手给妈妈,妈妈领着。"

走了一会我起身抱起女儿,说:"宝贝,妈妈爱你!不怕,无论你遇到了什么,妈妈始终和你一起面对。"

看着这段文字,动通顾问团好像看到了和煦暖阳洒满大地的温馨场景:一个充满感受性的妈妈,在家里温馨地感受自己的孩子、支持自己的孩子,于是这片小天地——安了。

妈妈在,家就在。服务虽然刚刚开始3个月,文静和小雨这个"家"封顶工作似乎完成了。后面持续一年的动通顾问服务,将继续陪伴着文静和小雨,让他们家越来越美好……

安先生团队在写《妈妈在 家就在》这本书时,邀请文静也参与写作,并把上面的有关她和女儿的文章发给她,让文静写点评论,对此,文静的回复是:

我认真看了,写得很好,面对你们的鼓励我很惭愧。我现在还在努力感受,等你们出下一本书,比如《感受在 家就在》时,我再写吧。

> **安先生动通加油站**
>
> 成年人,都生活在语言的世界里。语言,又来自前人的经验,同时来自己的成长经历,总是带着过去的痕迹。如果不分析语言,不觉察语言对自己和他人的影响,那么人就生活在一个僵死的过去的虚幻的世界中。只有不断地分析语言,觉察语言,人才能获得自由。

让妈妈的灵魂回家

有意栽花花不开,无意插柳柳成荫。原因可能是种花和插柳者心态的不同。

动通家庭顾问服务,还有一个让人印象深刻的服务对象:周妈妈和她的一家人。

周妈妈年纪40岁上下,老公开公司,经常在外地、海外出差,她自己带一个女儿,一个儿子。

周妈妈是一个不折不扣的女强人,90年代从国企下海经商,与老公一起,凭着热情和努力创办了两个公司,公司的业绩几乎是呈倍数增长。在公司的业务进入稳步发展的快车道之后,周妈妈毅然决然从繁重的公司业务中抽身,回归家庭,全身心地担负起教育孩子的重任。本以为,自己可以凭借一己之力在商业上打出一片天地,回归家庭后自然也能够用自己的一片热忱把孩子教育好。只可惜,现实总是不够丰满。

周妈妈自己坦言,自己对孩子的教育,一路摸索,可谓是有意栽花花不开,无心插柳柳成荫。她对自己两个孩子的期望是不同的,老大是女儿,她的期望是做一个女人,并不想让女儿和自己一样成为女强人,"做女强人,太累,太辛苦,做女强人久了,就没有女人味了",这是周妈妈亲口对安先生所讲,说这番话时,周妈妈的语气中有着些许的叹息,她这一番肺腑之言的背后,可能承载着她这些年来奋斗拼搏的辛酸吧。

所以在周妈妈的眼里,女儿不需要,也不必和自己一样努力拼搏。周妈妈对女儿的期望只是做一个女人,温文尔雅,贤良淑德。在这样的理念下,周妈妈对女儿的要求并不高,从不要求女儿一定要考前几名,也不要求她事事争先。虽然如此,但是对女儿的教育却从未缺位,良好的家庭条件,让她的女儿接受了非常优质的教育,声乐、钢琴、外语、舞蹈这些,但凡是女儿想学的,都会邀请最好的老师进行教学,并且不惜代价。有一年五一假期,女儿的声乐老师去广州出差,但是女儿不想因此缺课,周妈妈毫不犹豫就帮女儿订了去广州的机票,跟着声乐老师一起去广州上课,自己坦言,这个代价确实挺大,不过只要女儿开心,愿意学,一切都不是问题。

一切在陪女儿玩的心态下,却取得了意外的收获。女儿每次的考试成绩都是名列前茅,不但如此,学校的各类才艺表演、社团活动,女儿每次都是骨干分子,时不时就拿一个奖回家。在同学关系上,女儿也几乎是周围小伙伴的主心骨,同学之间谁有些困难,都会主动地向女儿寻求帮助。

每次谈到女儿,周妈妈都是一脸的骄傲,每当有其他的妈妈向周妈妈取经的时候,周妈妈总是笑而不语,因为周妈妈并未把教育的重点放在女儿身

CHAPTER THREE
感受孩子

上，重点培养的是自己的儿子大成，但恰恰就是这个倾注了自己教育心血和厚望的儿子，却又总是让自己不断地受伤。

在周妈妈的眼里，这个名为"大成"的小儿子才是重点培养的对象。周妈妈说，小儿子一定要成为一个顶天立地的男子汉，我和他爸爸已经把地基打好了，未来期望他能够在我们的基础上，更上一层楼。正是为了这个小儿子，周妈妈毅然决然从工作中抽身，变为全职妈妈。而且为了儿子自己还不断地参加各类家庭教育主题的工作坊和沙龙，不断地学习各类理论知识，希望能给儿子一个最好的家庭氛围和环境，让儿子成为顶天立地的男子汉。

儿子出生的时候，家庭的经济条件已经比姐姐那时候好很多，又是男孩儿，整个家族的重心都放在了小儿子身上，加上周妈妈也在刻意培养，在不知不觉中，小儿子的身上担负起了整个家族的期望。可万万没料到的是，倾注了周妈妈心血和全家人期望的小儿子，却成了家族中一个负面形象，儿子和女儿成了两个极端：姐姐成绩好，儿子成绩一直垫底；姐姐多才多艺，儿子调皮捣蛋；姐姐是小棉袄，儿子是小恶魔……这种反差，让周妈妈彻底的慌了、焦虑了。

周妈妈说，我为了孩子放弃了事业回归家庭，也为了孩子学习这么多的理论、花了这么多的钱，可以说为了教育好孩子，付出了一切，为什么儿子却成了这个样子呢？

这是周妈妈的疑虑，相信也是很多妈妈的疑虑，为了孩子殚精竭虑不辞劳苦，可是最后偏偏事与愿违，究竟问题出在哪里呢？

在周妈妈接受安先生团队的家庭顾问服务时，安先生反复对周妈妈和团队成员强调：像这类的问题，看似纷繁复杂，其实原因非常的简单，家里面的妈妈缺位了！那个对孩子充满感受的妈妈缺位了！周妈妈虽然为孩子辞去了工作,看似回归了家庭,但是这个回归,只是身体的回归、有形的回归,而妈妈的角色,妈妈的地位在这个家庭里面,却仍然是缺位的。

妈妈是什么?妈妈不是那个每天照顾你吃喝拉撒,为你付出一切陪在你身边的人!这样的角色,对于周妈妈这样的家庭,一个阿姨就可以胜任,而且会做得更好。妈妈更不是一个发号施令、对孩子提要求、定规矩、定指标的管理者,如果是这样,孩子等于提前踏入社会进公司工作了,并且无家可归!那么妈妈究竟是什么呢?妈妈是一个家庭的灵魂,是那个在家里面一直默默无语关照孩子的角色!每个家庭里,谁承担着无语关照整个家庭的人,谁就是妈妈。

在半年前计划写这本书时,安先生问大成:"我们正要写《妈妈在 家就在》这本书,可能要写你和你妈妈的故事。我想问问你,你妈妈怎么样?"

大成当着妈妈的面说:"妈妈不温柔!还总爱训我。"

紧接着,安先生问:"你妈妈在家吗?"

小学生大成,睁大了眼睛,看着安先生,似乎对这个问题有点疑惑。

安先生重复问:"妈妈身体在家,但是你能感到那个温柔的妈妈吗?这个妈妈在家吗?"

大成大声说:"妈妈不在家!她虽然身体在这里,但是灵魂不在!"

真是石破天惊的一声呐喊!在这个小儿子的眼里,周妈妈并不是妈妈,而是一个整天在自己耳边叽叽喳喳,要求自己做这个、做那个的不断念咒语的老巫婆!

自从周妈妈被安先生与孩子的对话道破自家的症结之后,开始逐渐减少对孩子的"咒语"(语言要求),不再对孩子唠叨自己的期望,而是有意识地减少自己的评价和想法,认真地感受自己的孩子,带着儿子一起做事,一起做家务，放学后一起到公园玩耍，在草地里抓蚯蚓……周妈妈在改变自己的同时，小儿子也在默默地发生着改变。

这一切，周爸爸看在眼里，他说，自己的妻子越来像女人了！像过去那样，自己和儿子大成，都快被妻子搞疯了！周妈妈自己也说，身心越来越自在舒服了！

安先生动通加油站

动通人坚信，只要在一起待着、看着，就会有影响；放下思想，觉察彼此，我们失去的只是锁链（僵化的思想），得到的将是大家合力创造的一个新世界！

以欣赏的目光看孩子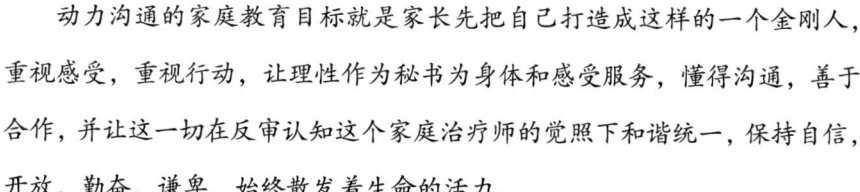

动力沟通的家庭教育目标就是家长先把自己打造成这样的一个金刚人，重视感受，重视行动，让理性作为秘书为身体和感受服务，懂得沟通，善于合作，并让这一切在反审认知这个家庭治疗师的觉照下和谐统一，保持自信，开放，勤奋，谦卑，始终散发着生命的活力。

（引自《家庭教育手册——动力沟通之家庭教育篇》，科学出版社，2015）

妈妈梅，是一位全职妈妈，经一个朋友介绍了动力沟通家庭顾问服务后，二话不说先把全年的顾问服务费交了，然后客气又礼貌地说："我是否需要把我们的家庭及孩子的所有细节都写出来，你们帮我们分析整理，给我们更好的帮助？谢谢你们。"然后不等安先生说话，她就埋头写了起来：

我今年40岁，现全职在家，爱人42岁，在某国企做管理，儿子12岁，小学五年级，我自己陪孩子在上海一个私立学校上学，爱人在西安……

接下来就一口气写了2000字，最后以一句"等我再整理整理最近一年的感受，辛苦老师了！"结尾。

这篇长文从怀孕一直说到儿子小学三年级，平静的语气掩饰不住她的焦虑。她心里装了太多的话，说完才松了一口气说，这些话盘旋在脑海中好几年了，现在轻松些了！

这是个典型的全职妈妈陪读家庭，儿子是经千辛万苦怀孕又保胎生下来的，从小就体弱多病，三年的幼儿园，基本是一学期最多上一两个星期，好不容易熬到学前班，儿子就表现出不会与同伴相处，只会以打了就跑的方式和同学接触，由于成绩不好被老师说成是笨孩子，常因此被同学们嘲笑。

自从上学以来，做作业就成了孩子的噩梦，每次做作业都哭。老师也对儿子越来越不耐烦，甚至打骂。梅心疼极了，毅然决定独自带着儿子来到上海，听说这里一家学校教育理念先进。但是，儿子不愿上学，梅只好每天带着他到老师办公室待着，慢慢适应新学校。慢慢地，儿子愿意到班上去了，还交了朋友。但梅的焦虑并没有减轻，儿子不愿意做作业，上课也不怎么听讲，英语数学几乎就不会……

在动通顾问团队看来，梅总是沉浸在描述儿子的各种不省心以及她和儿子的战斗中，她的语言时常像开了闸的洪水漫无边际地涌过来，看不到堤岸。看似在说儿子，其实说的却是她的孤独。

梅几乎没有社交活动，除了参加各种家庭教育学习之外，她的全部世界就是儿子。丈夫工作特别忙，常常几个星期都见不上面。家里爷爷奶奶外公外婆，全都挂念着儿子的学习。到上海几年了，花着丈夫给的生活费，儿子却还是像以前一样不爱学习，她顶着巨大的压力孤军奋战，几乎承受不起任何的抱怨和指责，觉得那些都意味着指责她的无能。然而她又无力避开这种无能感。此刻，她既需要承载、抱持的力量，又需要一个通畅抒发的河道、一个方向。

安先生带着团队成员，仔细体会和分析梅与动通顾问的关系。

在安师陪伴过程中，梅的表现就像一个孤独的人在旷野里自言自语一样，既很少表达感受，也不对动通顾问做回应，其他人就像不存在一样，只在她的提问中，大家才像一根稻草或一块浮板一样存在着，以便承载起让她焦虑的问题：怎样让儿子做作业呢？他怎么就那么喜欢玩游戏呢？怎么可以让他调整好时间呢？……

安先生注意到在这个家里，梅做着保姆、做着监工、做着法官，却唯独没有做那个"重视孩子的感受、并以慈悲欣赏的眼神看顾着孩子"的妈妈。

因此，要想让作为妈妈的梅增加感受性，动通顾问也要从感受和陪伴入手。于是顾问服务，增加了提及她的名字的频率，重视她在儿子作业这事上的感受，让她慢慢开始与作为组长的李萌老师对话。梅的语言就事论事较多，相对琐碎，李老师就有意识地增加意象，并加强语言的条理性。慢慢地，梅与顾问团队、与李萌老师之间的链接很快就建立起来。她终于可以用意象性的语言来表达自己的感觉了：

李萌：孩子不要你管，你什么感觉呢？

梅：真的不想管了。

李萌：真的不想管了，这是种什么样的感觉呢？

梅：放弃。

李萌：如果我是你，我肯定觉得特别无助，委屈，伤心……

梅：是的，无助，委屈，伤心，绝望……好像背着一个黑屋子，缩在里面。尤其父母再说我没把孩子带好时，更是绝望。

李萌：你能每天把自己的这些感受写下来吗？不仅仅是你和孩子之间发生的事，还有你和孩子的感受。

当梅"走心"的感受性打开后，表情也增加了，言语中也更多地使用感性词。李萌组长也适时地邀请她把每天的感受做个分享并固定下来成为一个习惯。

梅是一个行动力非常强的人，也是一个非常爱思考的人。当分享成为一种习惯时，她与儿子的互动也顺畅了些。顾问团队此时再抛出一个关系问题：你觉得你和儿子的关系像什么？娘俩一致认为是敌人关系……

随着梅默默陪伴儿子次数的增加，母子的关系开始有变化了。最可喜的是，孩子的爸爸鹏程也被加入了这个服务群。

作为一个长期与母子分居两地，工作繁忙支撑着这个家庭所有开支的父亲，像其他的陪读家庭一样，丈夫鹏程抱怨梅没把孩子带好，梅抱怨鹏程根本不管孩子。吵架次数多了，感情也很受伤。此时夫妻俩痛定思痛，决心好好利用这个动通顾问服务，夫妻两个与安先生的微信交流也越来越投入，越来越真诚开放。

鹏程是位心思缜密的男士，他加入之后并没有急着说话，而是先在群里观察了几天，然后才突然开口。他说在他的眼里，自己的儿子是最棒的，他相信儿子必然比自己强，有一个辉煌的前途，成为家族乃至国家的栋梁。鹏程这番话，却被顾问服务组李萌组长当头打了一棒子：小小年纪，跟妈妈经常闹别扭，在学校不适应，却承载了你这么大的希望，会不会把孩子压垮了？要是不能够成为家族和国家的骄傲，可怎么办？一石激起千层浪，不同的视角令鹏程思索良久。

同时，安先生时不时地在夫妻俩之间"挑拨离间"，不是把这个说得一无是处，就是把那个打击一顿，结果，夫妻俩反而不约而同地说起了对方的好。比如鹏程特别会讲故事，儿子特别喜欢他，而梅则做得一手好饼，夫妻俩说着说着就说到一处去了，而且频率出奇的一致，这种未曾想到的默契，让夫妻俩油然而生一种前所未有的亲密感。以至于两个多月后，鹏程突然有感而发说了一段：

感谢动通的老师们，我觉得加入动通，最直接改善的是我们家中的夫妻关系。我俩不焦虑了，心态也平和了许多。

当夫妻俩心态好转时，安先生又及时提出让梅每天找儿子一个优点，并且要结合当天的具体事情来总结。梅在获得了夫妻亲密感的滋养后，稳定和自在多了。

每天找优点的行动一直持续着，"儿子会关心人"，"儿子细心"，"儿子能细致分析朋友的好处"，"儿子没有做过的事都愿意去体验"，"儿子心态好"，"儿子沟通能力强"，"儿子情绪管理比以前好多了"，"儿子是美食家还是大厨，能做还能说"，儿子优点越来越多堆积如山了……

虽然孩子做作业的问题并没有完全消失，但是上学却似乎越来越有自信。科学课上老师的提问只有他一人能准确答出，体育课上他的立定跳远被老师作为示范，并且开始主动锻炼身体，就连以前一直欺负自己的大个子也不敢再欺负他了……

梅欣喜地感受到了孩子的变化。更感受到了自己的稳定。下面是梅的感人文字：

转变最大是今年，在你们指导下，情绪不用控制了，心平静了，儿子怎么做都能面对接受了，有机会会引导两句，不多说了。以前我俩老打架，都变魔鬼了。今年感觉他比以前说得多了，会说学校发生的事情。

今天跟爱人打电话还说，在你们的陪伴帮助下，心理抗挫折能力增强了。就是发脾气也有双眼睛看着了、问为啥会这么做了。谢谢你们！今天拒绝儿子出去，他也没闹，并且他自己也知道自己这点进步了，这说明孩子也有一双眼睛在看着自己。

本章介绍的动通家庭顾问服务的三个案例，其实体现了一个共同的模式：

这三位妈妈，都在为自己的孩子焦虑：职业女性文静为女儿小雨不够优秀焦虑；全职妈妈周女士为儿子大成不够卓越焦虑；全职妈妈梅为儿子的适应不良而焦虑！对孩子的焦虑和失望，是这三对母子、母女关系的主基调。

安先生顾问团队的核心工作，就是让母亲暂时放下头脑中对孩子的各种设想和评价，感受孩子的感受，与孩子同呼吸、共命运，还原孩子真实的样子，发现孩子的闪光点。当妈妈开始尝试着这样做时，家里的气氛就慢慢改变了，一家人之间积极温馨的情感建立了，原来困扰这三位妈妈的各种问题，似乎都看到了解决的希望。

心理学告诉我们，人人皆有一种内在的价值感、重要感和尊严感。伤害了它，你便永远失去了那个人。因此，当你爱一个人、尊敬一个人时，你也建造了它，而且他亦同样地爱你、敬你。因此当你为一个人创造了一个温暖、尊重、安全的环境时，你就深入了这个人的心灵，你说的话、做的事，就会不知不觉地影响他/她。相反，无论大人还是孩子，当受到批评、感到尊严受到威胁时，他们的精力就都用到反驳批评、维护尊严上了，根本没有精力去思考批评者的观点，也没有了可能的学习和发展。

为什么推动摇篮的手是推动世界的手？因为在摇篮中觉得舒服和安全的孩子，不知不觉地受到了保护摇篮的人的影响！为什么讲理、批评不能让人改变、甚至让人变得更顽固？因为，在冷冰冰的讲理、充满敌意批评中，对话者的关系变得敌对了。所以，安先生总是建议妈妈们，放下头脑中的评判和理想，认真地观察孩子，感受孩子，接受孩子的本来状态，尊重孩子天性，给孩子创造一个安全的家！当孩子觉得安全时，他们才有探索和进步的勇气！

安先生动通加油站

言传身教，身教胜于言传。动力沟通提倡家长要通过无言的陪伴、温和的表情、关注的眼神、认真的倾听，通过一系列真诚自然的行动，表达对孩子的尊重和接纳。

CHAPTER FOUR
感受自己

有一天动物园管理员们发现袋鼠从笼子里跑出来了，于是开会讨论，一致认为是笼子的高度过低。所以他们决定将笼子的高度由原来的十米加高到二十米。结果第二天他们发现袋鼠还是跑到外面来，所以他们又决定再将高度加高到三十米。没想到隔天居然又看到袋鼠全跑到外面，于是管理员们大为紧张，决定一不做二不休，将笼子的高度加高到一百米。

一天长颈鹿和几只袋鼠们在闲聊，"你们看，这些人会不会再继续加高你们的笼子？"长颈鹿问。

"很难说。"袋鼠说："如果他们再继续忘记关门的话！"

其实很多家长都是这样，只知道看孩子所谓的"问题"，却不能去觉察自己，感受自己。

专心地看看自己

> 知人者智，自知者明。胜人者有力，自胜者强。
>
> （引自《道德经》）

人，最感兴趣的是什么？是自己！看集体照我们最留心的往往是自己的形象！关注自己的形象，关注别人对自己的评论，关注自己在场时是否自在、有豪气、有地位、受尊重等等。

人，最讨厌的是什么？仍然是自己！人通常对自己最讨厌：讨厌自己内心的不安，讨厌如影随形的死亡，不满自己得到的物质待遇、焦虑社会地位不能稳定快速地提升，甚至有随时掉队的危险，讨厌自己身体的衰弱、衰老和病痛，为了避免一个人面对自己的无聊和痛苦，赌博、酗酒、吸毒等种种自我麻醉的方法频频再现。

人的这种矛盾性，对自我的关注以及对自我的回避，在家长，尤其是在妈妈身上，会体现得特别明显：一些妈妈往往会把孩子的成功当成自己的成功，把孩子的失败当成自己的失败，从而一方面满足了自己，同时又回避了自己。

妈妈在 家就在
pretty mum & sweet home

然而，如果家长不去了解自己，不去关注自己，怎么可能很好地关注孩子、照顾孩子呢？不了解自己、不关注自己的家长，往往会成了孩子的关注对象，甚至成了孩子的心理负担。下面一篇动通爱好者的文章，就充分说明了这一点。

儿子放学回家一屁股坐在沙发上，看着电视。吃完饭又是躺在沙发上看电视，看到这个画面，我的心情顿时骤变，情绪开始失控。对于儿子看电视的问题我已经三令五申地告知他，但是每次好像都没有起到啥作用。

自从遇到动通后，一旦察觉情绪将要失控，我的处理方式就是独自一人到凉台上冷静，蹲下身来摆弄着我的花草。

30分钟后儿子看我半天不到屋里来，跑过来："老妈，你在这干嘛，一会脚就麻了，快进屋吧！"

我默不作声（因为我的情绪还没有调整好）。见我不作声，儿子嘟囔着，"唉这又是生的哪门子气呢！真是的！"然后关掉电视，到自己的房间去了。

第二天早上，儿子来到身边抱着我。"妈咪，给做的啥好吃的？"我说："看看这早餐还满意吧？""嗯，满意，谢谢老妈。""不客气。"

吃完早饭，儿子一边换鞋一边说，"老妈。你昨晚生的啥气呢？我这么大了又不是不知道自己安排时间，再说白天我已经在学校做完作业了，我就打算看完那段电视就去复习，你说你也不了解一下情况，就莫名其妙地生气。你还每天看心理书，还跟着安先生学习动力沟通，这样的事情你都理解不了，怎么学的呢！"

我瞬间凌乱了……在儿子的眼中我竟然像个小丑，一言一行都在他的掌控之中……

感受自己

午间和安先生聊起此事,安先生的一句,"闲的你!"让我陷入沉思……

我小的时候,爸妈为了生计每天忙得脚不沾地,从初中开始我就包揽了家里的洗衣做饭,周末放假的时候还要替妈妈送货。现在做了母亲的我,真是闲的,自己没有事情做,把盯着孩子当成了自己的主要业务!我禁不住反省,我们真的爱我们的孩子吗?

当我们心情不好的时候,我们会对他发脾气,甚至会避开他。

当孩子心情不好时,我们却会阻止他,批评他!

当我们累的时候,我们就想一个人待着,不许他来打扰我们。

当孩子累的时候,我们却希望他不喊苦不叫累。

我们总喜欢对他指手画脚,做不到就大声喊叫,还美其名曰"批评教育"。面对我们的指手画脚,孩子不但不敢作声,还要努力克制自己的恐惧来讨好我们。

我们总喜欢用恐吓、许诺、哄骗的手段来让他做事情。面对我们的欺骗,孩子依然被迫选择信任我们。多少次我们把孩子推开,多少次对孩子说不理你了,孩子依然不离不弃地抱住我们,强颜欢笑地讨好我们。

看来为了孩子的成长,我真的要放手了。放开手,静下心,认真地关注自己,提高自己,同时等待一朵花的盛开,等到一棵草的葱绿、等待一棵树的枝繁叶茂……

安先生动通加油站

无论发生什么都是一种学习。无聊也罢,不爽也罢,只要静观当下,回归内心,去看每一个当下隐藏的智慧。不管自己处在一个什么样的状态,失败也好,成功也罢,只要出局反观都会有收获。

自己安了世界就安了

其身正,不令而行;其身不正,虽令不从。

(孔子《论语·子路篇》)

一位哲人说,"最大的智慧和勇气,是如实地观察这个世界"。我们每个人都是通过自己的感官和头脑来观察、思考这个包括自己在内的世界,因此每个人既是自己的观察对象,也是自己的观察工具,更需要随时观察自己,同时打造自己(工欲善其事,必先利其器)。

作为成年人,随时对自己保持觉察,保持清醒很重要。虽然对自己的有些部分(比如衰老、疾病、死亡、不安全、不稳定)我们试图回避,但是它们并不因为我们回避而会远离,相反只有冷静地觉察它们,我们才能处理它们,从而不让它们影响自己跟孩子的沟通质量。

安先生提倡,智慧妈妈要不断反思自己的一切体验,做自己的心理咨询师,陪伴自己成长。只有当妈妈自己内心稳定清澈时,家里的其他人,尤其是快速成长的孩子,才有可能更舒服更自在地生存和发展。

一位年轻的妈妈,参加安先生团队的动通工作坊,回去写了一篇文章,我们摘录如下:

上周末参加了"动力沟通武汉樱花工作坊",对动通有了稍微深一点的了解和更多的兴趣了,回家还特地看了《做自己的咨询师——动力沟通之心

CHAPTER FOUR
感受自己

理咨询篇》。这本书，读起来还真是不一样了，不得不说特别的人写特别的书。其次呢，在两天的工作坊活动中，收获也是满满的。

一、在大家的现场呈现和扰动中，我找回了头顶"慈母的目光"。

动力沟通强调，"想象自己是婴儿，有一个慈母在温暖地凝视着、环视着，没有评判，只有支持和接纳……"其实一直以来，我都在努力凭空虚构着这样一个慈母之眼。尤其是这几年，自从有了孩子，在养育孩子的过程中，更多时候我都对自己父母的教养方式充满了批判，一直想着我决不会像爸爸妈妈那样对待自己的孩子。然而父母无言的陪伴和关注则被深深地埋藏了。直到有一天，这样的记忆忽然悄然浮现在我的脑海……

那是2003年高考完，由于学得不咋地再加上考试紧张，发挥失常，被赋予厚望的我名落孙山了，不甘心的我决定复读一年高四。回家后父母除了关切的神情，小心翼翼，没有说一句话，我每天在家复习功课，爸爸妈妈每天下地干活，饭熟了喊我吃饭，考试完到开学前的两个多月，日复一日一直如此。

家里亲戚朋友来来去去，大家对我的行为褒贬不一，爸爸妈妈除了喊我吃饭之外一句多余的话都没有。整个高四，也是如此，我好像被当作了易碎的工艺品，爸爸妈妈精心的呵护着，时时关注着，就是不说一句多余的话。我当时没有太大的感触，现在想来却忍不住要流泪了，温柔的、暖暖的、安全的……

安先生说，"所有的人际交往的基础模式来源于亲子依恋关系，亲子依恋来源于头顶的慈母凝视之眼"。对于这句话我不明白为什么会有这样结论，但我的人生经验告诉我，有这样一双慈母之眼时时关照着我，我很安心，很踏实温暖，到哪都不怕。

以后再也不用凭空想象了,自己也争取在儿子心中能留下这样一个温暖的印象。

二、语言就是一种工具,只有我利用它的份,没有它利用我的份。

动力沟通提倡拆解语言,从而达到真实。工作坊中,也见证了安先生拆解语言的功力。

回来后,我一度不停地想:语言之于我,到底是什么?后来得到了这样的结论:语言就是一种工具,就像是我手中的杯子、笔、刷子等等,只有我利用它的份,没有它利用我的份。

这样想着,当我试图表达自己的时候,我会尽自己最大的努力充分发挥语言这个工具的功能和作用,让自己和别人听着都快乐舒服;当他人,尤其是亲人,试图将语言这个工具当作一把利刃朝我挥来时,我对自己催眠:"一纸老虎而已,怎能被它伤。"

总之一句话,看一个人,他／她说了什么不重要,重要的是他／她做了什么。被别人的语言伤害,就是自己愚蠢地伤害自己。

最近,儿子说,"妈妈,我会把玩具收得好好的,你把积木给我吧","我再也不会……,你……"我都会回敬一句"说啥不重要,你做了才行"。结果在爸爸的大力配合下,家里乱糟糟的现象大大改善了。回想以前好像都会被他的语言打败,然后和他再三确认、满足他,最后同样的事还是会出现,我气急败坏地来一句"你怎么总是说话不算话呢?我再也不……"

前两天,孩子他爸操心劳累过度再加上没有照顾好身体,情绪低落,常有各种别扭、火爆的语言,我居然没有受到任何负面影响还在一定程度上积极影响了老公,心里想着,老公就是辛苦,我要多配合,这也是种自我觉察吧。

三、"我死了"。

在工作坊期间,安先生和大家讨论死亡,结论是:人们每时每刻都在重新死亡和诞生!新的念头升起都是一次新生,旧的念头消失就是一次死亡。

回到家,我思考:确实,从客观上来讲,前一秒钟的我们已经死去,例如,工作坊的安先生已经成了过去,已经"死去",为什么我觉得他还活着呢?因为他的语言滋养了我,他活在我心中。因此,我得出了这样的结论:从客观上来讲,我正在干着各种各样的事,说着各种各样的语言,同时我也一秒一秒的死去,要想活得长长久久,那就要努力活在他人心中,为他人服务才是王道。

接下来,我践行着这个理念:每天快乐地打扫、做饭、愉快地学习、心甘情愿地去助人、积极地去和别人聊天,抓住一切机会真诚地展示自己,一切都是为了让自己活得长长久久。不得不感慨,这样想事之后,发现自己不论干什么都是愉快的,算不算阿Q呢?管他呢,好用实在就行!

在工作坊,我分享了自己的一次焦虑,试图将焦虑归因于小时候妈妈对我的完美要求,安先生点拨我换个视角看,不要执着于过去,过去都是自己的记忆。我追问,"我的焦虑如果不是来源于妈妈,那来自哪里?"安先生再次点拨"重在现在的稳定"。

第二天,安先生又讲到"在每个当下感到有力、脚踏实地最重要"。我想:"对呀,我在纠结什么,我现在不是很稳定很好嘛,干嘛要揪着这些问题不放?放掉这些纠结,不是会更好嘛。"

回来的这一星期,我不时拷问自己"现在你感到有力踏实吗?脚踏实地安心吗?"结果发现,自己散漫的生活一点一点地向有规律的方向发展。

我这算不算动通呢?不管了,当下安心实在就好。

> **安先生动通加油站**
>
> 　　动态地、随时地、清晰地觉察自己并觉察了他人之后,我们要尽量帮助身边的人觉察他们自己(因为每个人的观察角度不同,每个人都有自己的盲区),尽量在减少伤害的情况下,让对方能够更清楚地、更多角度地觉察自己。只有周围的人也觉察了自己,那么一个人及周围的人自我提升、共同提升的共赢局面就形成了,欢乐、祥和的幸福生活就会走近我们!

让心从旋涡中出离

立身不高一步,如尘里振衣,泥中濯足,如何超达?
处世不退一步,如飞蛾投烛,羝羊触藩,如何安乐?

(引自《菜根谭》)

　　进入 4D 动感影院,坐上那特制的六自由度座椅,置身于欣赏电影的环境中。开始前自己胸有成竹、淡然自若,因为意识层面明白,无论什么情节,自己都不会被甩出这个空间,故事情节只是虚构而已。

　　随着电影情节的展开,面临足以乱真的特技效果,那些无中生有的虚幻假象,渐渐使明知是假象的观众失去了平静,在惊险刺激中心惊胆战,惊恐呼号。

　　为何明知自己仅为观众,花钱只是体验新科技成果带来的愉悦,事前也

CHAPTER FOUR
感受自己

知道所有这些都是虚幻的声光电等的运用,是假象,可为何进入情境很快就失去了自我、情绪不能自控了呢?

另外,事先知道真实情况尚且如此,在生活中没有预告的"现场直播"有几人能做情绪的主人?人际沟通又如何保证顺畅无阻?

怎么办?只有觉察!越是惊险,越是激动人心,越是困难,越是出局觉察!只有这样,才能创造奇迹!我们仍然通过一位动力沟通爱好者的文字来体验。

我是特别喜欢周六的晚餐的。那是一家子最快乐的时光,因为这一天可以跟读高三的儿子共进晚餐。在我们家里儿子是最能影响婆婆的人。而婆婆,那可是潮老太,尽管80岁了,但心理年龄也就18岁吧,最多不超过28。

在我的生活和工作圈子里,自夸点说还算是个相对的沟通高手,但是,我跟婆婆沟通比较"怯场",跟当家的沟通又比较张狂,最喜欢的当然是跟儿子沟通。最巧合的是,上个周末晚餐前后,我和我生命里相当重要的这三个人都发生了具有里程碑意义的沟通。

晚餐前,趁孩子还没到家的空当,跟当家的去给孩子买内衣。由于正感冒,所以在车内咳嗽不止。到商店门口一停车,看到窗外就是垃圾桶,赶紧伸头去吐,忽然窗玻璃"唰"就上来了,一瞬间就从我的下巴卡到喉咙眼儿了,喊不出也动不了,意识里就一句话"这就完了!一声没出"。幽怨还没有升起来的时候,玻璃突然又松开放下了!呀,我又捡回了一条命!又兴奋又激动又庆幸,可是身体软软的就是不能动。

缓过神来,看当家的,他一动不动看着窗玻璃发呆,不看我,也不安慰我,连声抱歉都没有!我立刻生气了。抱怨愤恨的话哗一下就涌到了舌尖上。

妈妈在　家就在
pretty mum & sweet home

当那些恶毒的语言在我的舌尖上滚动时,我的味蕾发觉了它们的咸涩以及辣和苦。

这些让人不舒服的味道在我眼前拉开了自己的另一面:自我、抱怨、期待被人关爱,要爱不得心生愤怒。唉,那时候我似乎只是个被吓坏的孩子。而他呢,那个"肇事"的人,此刻何尝不是个被吓傻的孩子?他本来就低烧着,又惊吓,又自责,该是何等不安和愧疚,该是多么需要理解和谅解?

舒畅地喘口气,我看着他的眼睛说:"能顺畅地呼吸真好!这真是一个独特的生命体验,大难不死必有后福啊!你吓坏了吧,都怪我,不注意安全,把头伸出车窗外,吓你一跳。不好意思啊,对不起!不过,你是怎么意识到了?很快就把玻璃放下来了。"

当家的听了我的话,不仅傻了,而且惊讶得缓不过劲来了,本来是等待一顿语言"强暴"的,居然是庆幸和宽慰!哈哈,等他回过神来,确认不是幻听,赶紧抱歉,一连声的对不起,还表达了他的后怕和愧悔。我听出了他对我的珍惜,于是,又是一轮互相安慰和安抚。最不喜欢表达内心感受的他居然也会不厌其烦说自己的恐惧和害怕了,居然还温言软语安抚我了。这真是,"一句话的事儿,一句话能成事,一句话能坏事,"心理阳光一点就是好啊!

有惊无险,真切体验到了生命的脆弱与易逝,更感叹生命与生活的可贵可爱;及时觉察,及时呈现,方知沟通的动力在于本心,沟通的方式需要学习,体会到了觉察与呈现带来的魅力,夫妻情谊由此再升一级!

回到家,儿子在沙发上玩电脑,给儿子讲有惊无险的卡脖子事件,儿子边摆弄电脑边说话,"那你的手呢,拍打东西呀,喊啊!我给你科普一下啊,妈妈……"

他不能对妈妈感同身受,我不高兴了,说:"妈妈需要的是你的理解关心,不是科普。"

儿子大悟,放下电脑拍着我的背安慰,并把我从沙发上拉起来一起去吃饭。

当家的插话道:"对嘛,要关心妈妈啊,在家里,关心比科普重要。"一家人开心地笑起来。

晚餐桌上,由我汽车上有惊无险谈到孩子出生时的有惊无险,才交代了几句背景,就被婆婆打断了,她大声地连珠炮地讲那时候她在家如何如何。我又感觉到了自己的憋闷,便想扰动婆婆影响一下她的沟通方式。

于是,等她讲完,我抚着胸口夸张地说:"哎呀,您老终于讲完了,我只说了一句就被您给堵回去了,快憋死我了,您讲完了,我接着往下讲了啊。"大家都笑了,儿子和当家的鼓励我快讲。讲之前我又拿眼睛瞅婆婆,她也很大气地说:"你说你说。"我说:"那我可说了啊,这回得等我讲完,您再发表意见或者补充说明啊。"婆婆自信地说:"说吧,没人打断你。"

我接着说了两句,讲到刚出生的儿子在襁褓里哭,婆婆又迫不及待地打断我,自顾自地岔开话题开讲了!我们三个都不说话也不夹菜,看着她,我继续按住胸口,她讲一段落时,儿子大笑,说:"奶奶你瞧你又把人家憋坏了,你又毁约啊,两次剥夺别人说话的权利了。"

婆婆哈哈笑起来说,"我就是这样啊,我在小区里跟老太太们玩,我只要一说话就先挥着手说'你们都不能吭声啊,叫我先说完!'他们就都不说了。"我们都笑,儿子逗她:"奶奶,你可真够强啊,厉害!"

我说:"老太太,我正在学习动力沟通,这个理论强调,大家要互动,互重,不搞一言堂。"那两位也赞同,老太太只好同意试试。

妈妈在 家就在

pretty mum & sweet home

吃着聊着,我跟儿子聊到了爱和爱情的时候,婆婆只认真听,不插话,关键时刻插了一个短句"那为啥嘞?"抓住时机我赶紧表扬她"瞧瞧,你奶奶这会儿像个专业心理咨询师,倾听,多听少说,一问就是关键点,厉害啊!"并给她竖起大拇指,儿子也赶紧附和,用奶奶的方言幽默地夸奖她。

老太太开怀大笑:"哼,你们只要跟我讲明白,我都能学会,还动力沟通,不就是自己说也让人家说,说得大伙都高兴嘛!"

哈哈,这就是我家,耄耋之年的老太君眼里的动力沟通!我想不管是不是动力沟通的真意,对于我们的大家庭来说,这是个良好的开端,兴许老太君抢话的毛病会有所好转,闺女儿子外孙女渐渐地可以不必因为怕她的一言堂而少来看她。家里的一切都会在倾听和觉察中,越来越好。

当你随时能够出局觉察时,4D影院的假象就难以撼动观众踏实的心,这时你就能坦然面对影片中的血雨风霜飞沙走石了。当妈妈在家庭生活中,能够随时觉察自己的心、让自己的心保持清澈和稳定时,家庭生活也就越来越幸福温馨了。

然而,怎么样保持这种出局的目光呢?动力沟通提倡两种观想:

第一,关于伟人的观想。

您最崇拜谁?您跟谁最亲近?可以是自己崇拜的历史文化名人、政治家、民族英雄,如孔子、孟子、老子、庄子、陆九渊、王阳明,如管仲、张良、诸葛亮、曾国藩、毛泽东、周恩来,可以是已经去世的爷爷奶奶等跟自己亲近的人。

想想这些人,在您的身后,充满慈爱地看着你,他们透过您活在这世界上,您就是他们在这个世界上的化身,他们赋予您无限的智慧和力量,但是对您没有任何要求。他们,只是充满欣慰地注视着您。

第二,母亲的观想。

设想自己是个正在爬行的婴儿,或是个正在蹒跚学步的小儿,正在骑着竹马玩游戏的幼儿,在自己的身后,有一双关切的慈祥的明亮的眼睛,正在看着自己,并随时会保护自己。

这两种观想,您都真的想了吗?这种感觉是什么样子呀?这两种目光,一方面让人温暖,一方面让人清晰。在这两种目光下,人会越来越自由、自在和自主,越来越有力量,充满正能量!

一旦有了这两种目光,您就是您自己的陪伴者、关照者,人就是一个自在、自由、自主的人!当然,要让这种目光稳定下来,时时存在,建议您还要经常练习和体验本书附录里的美人系列技术。

> **安先生动通加油站**
>
> 人生就是由这些鸡毛蒜皮、柴米油盐的小事儿组成的,时刻出局审视自己和生活,打造自我金刚,才能让生活和人生更加丰盈。

只许州官放火,不许百姓点灯

孟子曰:"万物皆备于我矣。反身而诚,乐莫大焉。强恕而行,求仁莫近焉。"

(引自《孟子·尽心章句上》)

妈妈在　家就在

动力沟通理论明确揭示了沟通中三个现象：

1. 语言是对现实世界的局限性描绘。

2. 很多语言看似礼貌、高雅和温柔，但是其目的是为了显示说话者的高明和权威，是为说话者谋利益，而不是为了对方的利益。

3. 正在说话的人，总是有所期待的人。他总是期望引起别人的配合或变化，总是对别人原有状态的某种刺激或改变。

为了克服语言的这些消极现象，动力沟通理论非常强调自我觉察。人只有经常觉察自己，觉察自己的想法，觉察自己的语言和行动，才能减少对他人的伤害。动通大本营的博客上的一篇文章，为安先生的这种说法提供了例证。

今天和女儿之间的一点小"纠纷"，给我上了一堂生动的教育课。回头想想，自己还是时时高高置于权威家长的位置，端着大人架子，居高临下"欺负"小孩，然后还振振有词地说着自以为是的道理，而孩子往往是委屈的连争辩的机会都没有的"小罪犯"。

刚换了部新手机，女儿新奇，老是拿过来鼓捣着游戏，忽然听到她说："完了，我点错了，更新了，不动了。"

我一听急了："真烦人，干嘛老玩手机，买的时候人家就说一定不要更新系统，软件可以，这下可好了……"

最早女儿怯怯的，意识到自己的失误给妈妈惹麻烦了，可是妈妈的一番抱怨，让孩子觉得犯了多大错误似的……孩子由原来的不好意思，转变成了某种抗拒和委屈，不再理我，赌气独自前行。

孩子一系列的反应触动了我，我忽然觉察到自己情绪失衡，开始静下心来去觉察自我,觉察女儿,觉察当时的背景:因为对于新手机模式陌生,我在操作的时候就不小心把微博给删除了,当时自己还埋怨自己,怎么没看清楚,没反应过来就删了呢。女儿不也是这样子吗?

事情已经发生了,埋怨、发火解决不了问题,何况自己探寻新事物也犯了错误,为何不能接纳孩子的过失呢!这样的一番抱怨,给了孩子什么?!——在妈妈眼里手机比女儿重要?让女儿放弃探索的欲求畏首畏尾?!

看着孩子不回头的背影,我意识到自己态度的恶劣和情绪过激,于是追上去道歉,但还有点磨不开面子为自己辩解:"妈妈不该发火抱怨,理解宝贝是不小心,妈妈也犯一样错误,刚才脾气急躁,因为当时人家反复嘱咐别更新系统,手机会出现一些问题……"

女儿有些不好意思,说:"我不是因为这事生气的……"估计她也一样的羞涩。

由此想起因为玩电脑和女儿发生过好几次类似的情形,自己都很情绪化的处理。

女儿用眼过度,近视得有些厉害,所以我也不能依着她性子,总要提前声明玩多长时间,然而女儿玩得起劲,我也因为做着别的事情忽视了,等想起来一看,晕,一个小时了。于是叫停,女儿就求情说等一会这局完了就停,我不等她说完就火气上头:"说了半个小时,时间到了也不自觉,以后还想玩吗?!"

女儿还想争辩,可看到我那语气,想要赖把游戏玩完的想法也乖乖收回去了。

到了傍晚,女儿要我兑现和她去打球的诺言,于是我带了手机、钥匙,球具出门，准备过程中顺手又打开手机，看Q、微信等，女儿说了什么没有真正听进去，忽然听到女儿说："自己玩手机也还不是那么上瘾？是陪孩子还是看手机呢……"

孩子的话，让我感到很羞愧，是啊，一直以为自己是一个开明的妈妈，能够试着去读懂孩子；以为自己算是个可以和孩子平等对话，尊重孩子需求的家长；以为自己学了点动力沟通，能够不断自我反省，调整与孩子沟通方式，能够注意建立良好亲子关系……有时候甚至有点沾沾自喜，感觉自己或许就是合格家长的典范……可是，面对女儿的质疑，我无言以对……"你要求我的，你自己做到了吗？！还不是因为你是家长，你嘴大？！只许州官放火不许百姓点灯……"

不敢再想，收起手机，乖乖陪孩子。

> **安先生动通加油站**
>
> 人能够改变的只是自己，当自己能够随时觉察、让自己安静下来时，人就具有了更强大的影响力或吸引力。

瞎折腾的是家长

柏拉图有个著名的比喻：在一个山洞里，人们背朝着洞口，被紧紧绑在柱子上，头也不能动，看着山洞的石壁。洞外的阳光、月光和星光，会把外界事物的运动的影子投射到山洞的石壁上，被绑着的人，观察石壁上的影子，

CHAPTER FOUR
感受自己

把影子认为是真实的世界,总结着世界的运行规律。

安先生也一直认为:

1. 语言是对真实世界的简化的描绘,是人们认识世界的方便的地图。

2. 如果说话者有权威,他就对听话者具有塑造作用,同时也具有限制作用!

3. 这种人云亦云、不知所云的人,就是这种被紧紧绑着的洞穴人!他们把自己的想法、他人的想法当成真实,在想法中打滚,而忘记了真实的世界,他们也会把身边信任他们的人,慢慢变成洞穴人。

下面我们看看一位动力沟通爱好者的自我反省。

女儿今年小升初,女儿对上哪所学校倒是抱了无所谓的态度,反而说:"我们老师说了,好学生到哪里都是好学生。"

我肯定了女儿的说法:"是啊,刻苦努力的孩子到哪里都会优秀,可是环境也很重要啊。一颗饱满的种子如果种到肥沃的土壤里会长得更好……"

话虽这么说了,可何去何从,连我们这些做家长的都难定夺。A学校离家近,方便但学校的口碑不是特别好;B学校属于私立,每年要一万元的学费,需要报考录取;C学校有好几位亲戚都在那里工作,担心孩子养成依赖的毛病……想来想去没有结果,不管了,就当锻炼孩子,先报考B学校,这样让孩子多一个选择的机会。

考试的那天早上女儿还赖在床上,在我的软磨硬泡中才上了车,一路上女儿抗议着:"我不想去B学校,压力大,考不好的话太打击我了,会让我丧失期末考试的信心,你今天让我去考,我就交白卷,我想跳车……"

我也就一路苦口婆心的开导:"一次测验而已,当成单元考试,无所谓

妈妈在　家就在

pretty mum & sweet home

好坏呀,你考不上也没什么呀,我们又不是没学校读书……没有什么比生命重要的,你好好活着就是我们最大的快乐幸福,我们爱你,不管你成绩如何,不管你将来遇到什么事情,你都是我们的宝贝女儿……"

女儿赶到时,已经开始入场了,看到有自己班上的几个同学,也放松些,心情好了很多。孩子们入了考场,我一看操场上人头攒动,颇有送子女高考的派头,心里想:"小升初现在搞成这样,过去考大学,家长都该干嘛干嘛,哪里还有陪的、等的?现在的家长真是闲得不轻(不过我也一样,加入了这个队伍)。看看现在这架势,孩子能不紧张?能不有压力?"

11点半,女儿出来了,说后面四道题都不会呢!我说:"不会也没什么呀,都会了不用学了,而且你不会好多人也不会,一次小测结束了。说说什么题,看老妈会不会?"女儿低落的情绪慢慢恢复,她嘀咕着:"考上就去,考不上就算了呗。"老公却说:"考上也不去。"我也随口说着:"不去就不去,省钱!姑娘学习问题不用咱们担心。"

过两天,女儿的录取通知书来了,通知周末两天交钱,因为我改变了初衷,所以不催。没想到第二天,老公问去不去交钱。我说:"你不是不赞成吗?""那还是去吧……"我笑:"真是都变得快,现在颠倒了!"一看离交钱还剩半个小时,心想就自然选择吧,交上就去,交不上也不找人就算了!一家人反而轻松地去了,结果我们是最后一个,我们交完钱学校的人就收摊了,有意思!

某天打了电话给孩子班主任,聊起去B校的事情,班主任很不理解,说:"有钱烧的吗?外行不懂,搞教育的还不懂?已经交钱了?!真是的……"于是我又开始躁动不安,饭桌上就说不该让孩子去,要不退了吧,咱又不是非贵即富的,去了或许压力大,或许攀比……我在说的时候,老公不断递眼色,暗示别让孩子听到,受了影响,我倒忽视了这点而自顾自地说着。他说:"已经定了,又去想那么多干嘛!别人一说你就变主意……"

回头想想也是,这次女儿的小升初,我反而成了别人意识的奴隶了。反而女儿倒是很淡然,说去哪里都行。或许,都是我们这些家长,把事情搞复杂了!

所谓的"放下屠刀,立地成佛",就是让头脑中喧嚣的语言停止下来,感受一下自己的心、感受孩子。这位妈妈最后那句"或许,都是我们这些家长,把事情搞复杂了"就是洞穴人在绳子松动时,宝贵的回头一望,开始放下语言的屠刀,观察自己的心了。

安先生动通加油站

由于人思维的惰性,往往容易把自己或别人的语言当成真相,从而陷入意见之争,并且画地为牢。动力沟通提倡反审的眼光,要求不断跳出局外审视问题,从而逐渐跳出语言的藩篱,让心保持自由。

六个自我觉察的寓言故事

思维就像一匹脱缰的野马,我们骑在这匹野马上,如果不能够把它驯服,任由它肆意驰骋,必然会伤人伤己。驯服思维的过程,就是自我觉察的过程。觉察是缰绳,感受是草原,带着觉察的缰绳,让思想这匹马在感受的草原上驰骋，才能真正实现孔子说的"从心所欲不逾矩"。

故事一：掉进洞里

想象这样一个游戏：在大草原上，主持人交给你一把铲子，然后把你眼睛蒙上，你的任务就是在草原上散步。但是，草原上有很多深深的洞穴。由于你的眼睛被蒙着，你迟早会掉进一个大洞里。果真，你掉下去了。于是勤快的你开始用铲子去挖，但是无论你如何挖，如何劳累，你仍然还在洞里，逃不出去。

怎么办？

首先需要放弃，先把铲子放下。在你把铲子放下前，你的双手拿不了别的，你也干不了别的。这个铲子是什么呢？它可能就是你的语言！在困境中，先放下各种自我干扰的语言"我怎么这么倒霉"、"有没有人看见呀"、"真丢脸"等等，让自己的心静下来。

其次，打开眼罩，去感知周围的世界，这样我们才能发现自救的路。主持人只是帮你戴上眼罩，他并没有说让你一直戴着眼罩，更没有说在你掉进洞里后仍然要戴着眼罩。

故事二：恶魔拔河

设想你正在跟一个恶魔拔河。恶魔高大凶恶，也很有力量。在你和恶魔的中间是一个深渊，无底深渊。要是你输了这场拔河游戏，你就会掉进深渊里永远消失。所以你使劲地拉，但你越使劲恶魔也会越使劲，然后你被拉得离着深渊越来越近。

怎么办？

在这个故事里，人们最难看到的解决方案就是：放下绳子。我们的任务不是赢过恶魔，而是活得自由自在。

每个妈妈都有关于自己和孩子未来的焦虑和担心，它们就是这样的恶魔。你越想战胜它们，越想躲避它们，它们会追得越紧。怎么办？暂时放下这些担心，感受自己，感受当下，说不定自己和孩子的力量就慢慢增加了，找到了解决问题的路。

故事三：手钳的故事

想象有一把手钳，有两个钳口，你被夹在钳口中间。每个钳口连着一个扳手，一个扳手叫害怕失败，一个扳手叫渴望成功。

害怕失败这边的力量在变化，从 0 到 10 不断增加，你越来越害怕，越来越怕丢面子，怕失去尊严。另一个钳口，它就是你对成功的渴望，它的力量也在从 0 到 10 不断增加。你越害怕失败，你就越想成功。于是，你就被钳死了，什么也干不了，坐等时间的流逝，越来越害怕，越来越焦虑。

怎么办？

不管是对失败的惧怕，还是对成功的渴望，无论哪一个扳手上你用力小一点，你都会活得自由，恢复力量。

当然，还有另外一种选择，设想被钳口夹着的是另外一个你，你在用旁观者的眼光看着自己，于是你自己的心就从钳口中抽离出来了。就像前面说的，像在旁观一场 4D 电影。

故事四：棋盘

想象一个棋盘，上面散布着黑色和白色的棋子，下棋就是白棋子和黑棋子之间的输赢游戏。我们每个人的想法、感觉就是这些棋子。坏的感觉（焦虑、抑郁、怨恨）和坏的想法、坏的记忆是黑色的棋子。好的感觉（自信、成功、轻松、快乐等等）和好的想法、好的记忆是白色的棋子。我们的游戏就是，代表好的棋去战胜坏的棋。

不管什么样，这是一个战争游戏。你不断努力，提高下棋的技能，但是黑棋从不轻易认输，白棋好不容易赢了一盘，战争马上又要继续。作为白棋手一方，你感觉绝望，一次胜利不代表一劳永逸，而且黑棋手的水平也越来越高！你不能停止战争，你不断面临威胁。正可谓：

莫道下山便无难，

赚得行人空喜欢。

正在万山圈子里，

一山放过一山拦。

怎么办？

如果你不把自己当棋手，而是当教练或观众，下黑棋的，下白棋的，都是你的学生，都是你的观赏对象，都在增加自己体验，那么感受和心态就会完全不同。

故事五：公共汽车

假设你是一辆公共汽车的司机，在汽车上有一群乘客。乘客分别是思维、感受、身体状态、记忆和经验的其他方面。他们中一些是恐怖的，穿着黑色皮夹克，拿着弹簧刀（如焦虑、恐怖等消极情绪、抢劫、犯罪等丑恶想法等）。

当你在开车前进时，这些恐怖乘客开始威胁你，告诉你必须做什么，必须往哪去。"快加油门"、"快踩刹车"、"向左转"、"向右转"等等。如果你不按照他们说的做，他们就冲到你身后，示威式地向你摇晃弹簧刀，好像要伤害你。

你不愿意见到这些恐怖乘客，于是你和他们做交易，你要求到，"你们坐在汽车的后面，坐低点，别让我看见你们，我就按照你说的做。"

于是，他们到了后面去指挥你，当你不想按照他们要求做的时候，他们就露一露头，于是，你马上就按照他说的做了。最后，他们甚至不用威胁你要杀你了，他们只需要现身，你就按照他们的想法做了。

本来是你在开汽车，但是由于你不愿意见到这些恐怖乘客，于是，他们只需要露露头，说句话，就获得了整个汽车的控制权，把车上的所有乘客，拉到他们想去的地方。

怎么办？

作为司机，不要回避这些恐怖乘客，反而要用心看着这些恐怖乘客，看看他们到底能做什么，你真要看着他们，说不定他们是纸老虎。另外，有那么多积极的乘客配合，不一定非要害怕和躲避这些恐怖乘客。

故事六：不放松就去死

设想你自己是个怕死的人，偏偏又被绑架了。绑架犯告诉你：用手把石头搬到那边工地上，否则我毙了你！于是，你会老老实实地干了。绑架犯让你到地下小煤矿采煤，你干了。干这些事情，虽然累点苦点，但是还可以知道怎么干。

再设想，绑架犯把一台精密的仪器绑在你身上，这个机器非常灵敏，你的任何心跳和脑波的活动，它都能测量到。现在，绑架犯告诉你：你必须保持放松，你有一点点的焦虑我都会知道，你必须尽力放松，如果不放松，我就杀了你。

现在,其实已经有个精密的仪器绑在你身上,那就是你的神经系统,你不可能感觉和思考某种东西而不让你的神经系统知道。而你对未来的恐惧、对成功的渴望,可能已经绑架了你。所以你真的处在一个非常类似情境中,你端着枪指着自己的脑袋并且说"放松!"猜猜你会怎么样?砰!

怎么办?

作为妈妈的你,只有放下这些想法,放下对未来的恐惧、对成功的渴望,回到现在,感受现在,感受自己,感受孩子,感受环境,我们可能慢慢就真的放松了,就有了走向辉煌未来的力量和可能性。

最后,我们用一位妈妈,一位动通志愿者在母亲节的散文诗,结束本章。

因为我是妈妈,我知道我的情绪,直接影响孩子的心情和成长,所以我时刻保持觉察,接纳自己的愤怒和委屈,我会处理自己的情绪,我对孩子和家人展示真实的自己。

因为我是妈妈,所以我觉察我的惰性,我愿意奋斗,也愿意和孩子享受每一天的休闲时光。我用行动告诉孩子:努力奋斗,努力工作,是为了当下就能更好地享受生活的点滴。

我是妈妈,我负责养育孩子,我创造幸福,孩子在幸福中创造未来;因为我是妈妈,所以我保持真实,无论是优雅还是狂放,我接受我的样子,正如我接受孩子他自己的样子。我做自己,孩子做孩子,我们彼此学习,互相是榜样。

因为我是妈妈,所以我关照我的内心,接纳它此刻的样子,无论它是强大还是懦弱，我接受我自己，爱孩子，首先爱自己。

安先生动通加油站

人是做惯了主人的，总认为自己是对的，总认为自己对环境甚至历史的改变起到了作用，自己是"英雄"，自己是"救世主"，因此别人应该听自己的，向自己学习。这些特点，正好成了冲突和不幸的源泉。

CHAPTER FIVE
不靠谱的妈妈

山无常势,水无常形,善变者胜。

时代在变,孩子在变,做妈妈,也必须要变。

语言的谱不可靠

我们先来看一道算数题：

三个朋友，到一家旅馆住店，老板娘向每人收了10元钱。第二天早上，老板娘良心发现，觉得只收25元就可以了。于是让服务员退给三人5元钱。服务员拿着5元钱动了歪主意，给三个朋友一人退一元钱，自己扣了2元。

最早是每人10元，共30元。现在，是一人就9元，三人共27元。加上服务员自己克扣的2元。

27+2=29

那么，现在的问题是，剩下的一元，跑哪里了？

是呀，这一元钱哪里去了呢？各位读者，您是怎么思考这个问题呢？让我们来从头捋捋。

第一次交易，发生在客人和老板娘之间交易是：3×10=30。

第二天早上，老板娘退了5元钱，服务员自己克扣2元，给三个客人每人退了1元。

到了这时候,原来的交易(3×10=30)已经成了三个客人、老板娘和服务员(以及读者诸君)的记忆或想法。

对三个客人来说,现在对交易的想法是:3×9=27,加上对仁义的老板娘感激。

对于老板娘来说,现在对交易的想法就是:30-5=25

对于服务员来说,就是利用三个客人和老板娘对交易的不同想法,赚了2元钱。

这时,真实的交易是:

3×9(三个客人每人9元)=25(老板娘的收入)+2(服务员克扣2元)。

那个30元的交易,已经不存在了,它只存在于三个客人、老板娘、服务员和读者的记忆中!30这个数字也仅仅是个空洞的符号,跟真实无关了。所以,那个流失1元,也是不存在的。这个悖论,是混淆了真实与记忆(虚幻)的结果!30,已经是一个记忆中的数字!跟实际的操作,没有关系了!这个记忆中的数字所代表的交易,由于后面事件的发展,已经不复存在。

在《妈妈在 家就在》这本书中,我们花工夫分析这个数字与语言的悖论,目的是什么呢?我们想说的是:很多家长沉浸在关于自己过去以及孩子未来的梦想中,而忘记了感受现在,忘记了感受孩子。安先生工作室就遇到这样一对夫妻。

于先生和杜女士经营着一家服装加工厂,男主外女主内,除了组织加工还要跑市场,时刻关注市场行情变化和销售商们的有关活动,夫妻俩难得有时间陪伴已经上初二的儿子。但是,夫妻两个对孩子的学习特别在意,经常会联系老师们了解孩子的情况,每当一家三口人相聚,夫妻俩总要关心一下孩子的成绩,绞尽脑汁辅导孩子课程,希望能帮助孩子解决成长中的困难。

CHAPTER FIVE
不靠谱的妈妈

于先生和杜女士的内心深处期待儿子各方面表现突出,能考一所好大学,将来能出人头地,以弥补夫妻俩没上大学的缺憾。尤其是几个至亲家里的孩子学习成绩特别优秀,夫妻俩感觉这给儿子树立了很好的榜样,经常叮嘱儿子向表哥表姐学习,在学习策略上主动向他们请教……

但儿子似乎有意和他们做对,进入初中后成绩直线下滑,现在已经由小学时的"尖子生"滑落到班级的中下游了,更让于先生夫妻担心的是,儿子对自己的学习情况好像满不在乎,他们一提学习儿子就情绪激烈,一催作业就磨洋工,拖拖拉拉软磨硬泡写到深夜十一二点,边瞌睡边敷衍,给他选择了市里最好的补习班,他不但不领情,反而找各种借口不去……

打也打了,骂也骂了,学习的重要性夫妻俩不厌其烦"讲了一千遍(杜女士语)",儿子依然稳如泰山、我行我素。现在的孩子为何如此不争气,不理解父母的良苦用心,如此没有志气和志向?

安先生一边听这对事业有成的夫妻数落孩子的不是,一边微笑着关注那个眼睛炯炯有神、缄默不语偶尔挤出一丝微笑的男孩儿:他一直端坐着,眼睛没有目标地往前直视着,双手交叉抱在小腹部,两个大拇指迅速地旋转着。

父母在向安先生"控诉"孩子的谈话间隙,还时不时尊重地问孩子"我说得对不对",孩子也总是平静地回答"差不多吧"。似乎大人们交谈的内容和他没什么关系。

听完这对夫妻的陈述,安先生在电脑上找出一封信件,请他们和孩子一起分享。这是一个初二女生写来的,内容主要描写她"不靠谱的妈妈",孩子最后说,"有这么个不靠谱的妈妈,我想不优秀都难!"

信中这位"不靠谱的妈妈"是位普通的工薪人士,也因为女儿每天马不停蹄疲惫不堪,很少主动辅导孩子功课。每天下班后,她首先要急急忙忙给孩子做吃的，因为在学校付出"脑力劳动"的女儿像饿狼一样，到处划拉吃的，所以尽快让孩子用可口饭菜填饱肚子，她才安心坐在沙发上踏实地休息会儿，因为这位妈妈觉得孩子正是身体成长心理完善的关键期，保证孩子成长的营养供给，是最重要的。

现在几乎所有学校都作业如山，女儿经常会自说自话表达对海量作业的不满，此时妈妈总会像听故事一样静静地听着，听后每每表现得比女儿还气愤，而且经常怂恿孩子不完成作业："女儿说得没错！各级都要求减负了，老师们还这样不顾孩子死活，我看可以不做！或者挑选着做！做不完看他们能怎么处理我女儿！"看到妈妈严肃的样子，女儿会反过来"教育"她："你说我怎么摊上你这么不靠谱的妈妈？！别人的爸妈都是辅导孩子作业、催促孩子作业，你倒好，每天都扯我后腿，鼓励我不完成作业。我是学生干部，怎么能带这样的头儿呢？其实吧，我在学校课间做了一部分，你别烦我了，得抓紧作业，争取按时睡觉。"

这位初二女生把她和妈妈相处的模式总结为"这是上帝的眷顾。因为一个人的幸福和他应受的苦难是对等的，我有这样不靠谱的妈妈，上帝不忍心再把我塑造成一个不入流的坏孩子，于是就出现了一个优秀的三好少年！"

阅完信件，杜先生夫妻对着安先生良久未语，二人疑惑地对视一会儿，然后转向安先生："孩子不求上进，难道是因为我们太'靠谱'了？"

安先生不动声色，翻出另一封邮件，是这位女生妈妈"委屈"的辩护。

这个在女儿文字里"幼稚、单纯、傻里吧唧"的不靠谱妈妈，告诉安先生，她从来没有刻意关注过女儿的学习，但她一直陪伴孩子成长。从孩子咿呀学语就坚持每天耐心地和女儿做游戏、听音乐、给孩子读故事，慢慢成了雷打不动的习惯；和女儿一起蹲着趴着随意涂鸦；一起找沙坑土堆翻跟头；

等女儿识字了又经常泡在书店里如饥似渴阅读各自喜欢的书籍，至今每个周末两人还会相约到书店，找个僻静角落，要两杯饮料，在书店一泡就是半天。

在妈妈心里，女儿能承担自己的责任，妈妈从没有过丝毫怀疑，所以对孩子的作业很少主动过问，在孩子求教时俩人一起寻找答案。孩子为参加学校演讲而演练，妈妈是忠实的听众；孩子成绩优秀了妈妈会表现得很开心，孩子偶尔考得很差，妈妈若无其事听女儿自己寻找原因——为自己的行为承担责任。同学们大都参加各种补习班，妈妈征求女儿的意见时，得到的回答是："不去浪费时间和金钱！该学的知识应该在学校完成！"

中学阶段孩子学习任务重压力大，年逾不惑的妈妈周末又增加了一个任务，傍晚和女儿一起去山坡撒欢儿，陪女儿奔跑对着大山呼喊，俩人一阵狂奔累得气喘吁吁，汗流浃背。现在孩子回家比妈妈唠叨，描述学校见闻，诉说当天得失。妈妈送她上学时女儿会叮嘱妈妈小心车子，看到妈妈拿着较重的包会主动抢在手里，经常用刻薄的言辞打击妈妈，但从不舍得惹妈妈生气。妈妈每天把孩子成长变化记入成长日记，在节假日孩子时间稍充裕时，一家人会一起分享、回味。

邮件引起了杜先生夫妇的沉思，但改变是一个漫长的过程。安先生祝愿他们能够放下头脑中僵化的期待，真正陪着孩子成长。

从十月怀胎起，妈妈就与孩子建立了世界上独一无二、不可替代的关系。在孩子婴儿期，一个细心的妈妈能"听"懂孩子的十几种声音，能通过孩子的哭声辨别其需求。孩子一直在妈妈"懂"自己的环境中安全舒适地生长，这种"懂"是孩子健康成长的先天条件，也是造物主送给新生命的珍贵礼物。在以后的成长历程中，孩子无时无刻都期待着这种"懂"的状态，这是他们健康成长的营养源泉。

慢慢地孩子长大了，面对长大的孩子，妈妈的任务是什么呢？是代替老师和社会塑造孩子。不能听任孩子在家庭、学校和社会的多重压力下，出现心理问题，然后再把听懂孩子的任务交给社会、交给职业的心理咨询师。

世界在快速地变化，儿子在快速成长，杜先生夫妻不花时间多观察孩子、多反思自己，反而总用自己的理想和期待来限制和责备孩子。相反，那个被女儿控诉的"不靠谱"的妈妈，一直跟现实的女儿亲密接触着，也一直在享受天伦之乐。

套用前面的故事，这对沉浸在对孩子期待中的杜氏夫妻，忘了感受孩子，忘了跟儿子建立亲密的关系，反而总觉得孩子欠了点啥，总觉得世界欠了他们"一元钱"。

内心的焦灼，让很多父母用语言折腾孩子、约束孩子，努力活在一个理想的、稳定的世界里！他们忘记了，世界永远变化，所有的人生歌唱家都是踏歌而行，一边唱，一篇谱曲，在生命结束时，自己这一生的曲子才算谱好。

智慧父母会觉察自己，觉察孩子，用心陪伴孩子成长，并随时用语言为孩子创造一个海阔任鱼跃、天高任鸟飞的广阔的精神空间。

安先生动通加油站

我们最好的修行，莫过于学会在每一个当下保持觉察，觉察自己的感受和每个想法，并在实践中不断修正和提升自己。

让孩子的消极情绪无影无踪

天下皆知美之为美，斯恶已；皆知善之为善，斯不善矣。

（引自《道德经》）

婴儿的情绪，其实就是自己本能的反应：饿了、难受了，就哭；被压住了，就躯体扭动、四肢乱抓乱踢，以求躲避；喜欢了，就兴致盎然地看着，并往喜欢的对象那里爬，或者把喜欢的对象抓过来；玩腻了，就扔。

至于婴儿内心，有什么情绪体验，在他们会说话之前，家长是很难知道的；家长知道的只是婴儿的表情、声音、声调，以及身体趋近或回避的反应，并根据这些反应对婴儿的心理活动进行种种猜测。

人类最重要的一个能力，就是通过语言来传递前人的经验，来记录自己的经验，并预测自己还没有经历的未来。语言，其实已经成了1岁（掌握了点语言）以后的所有人生存的一个基本平台。于是，人类在会说话之后，也开始用语言描述情绪了：高兴，悲伤，兴奋，抑郁，嫉妒，羡慕，无聊，带劲儿……

可是情绪，到底是什么呢？动力沟通理论强调，在语言产生之前，我们不知道什么是情绪。没有语言，我们也无法描述情绪。"情绪"是人对周围的刺激引发的体验，通过自己内心的自言自语，扣给刺激和体验的一个"帽子"。

情绪是我们的一个语言评价，是人面对不断变化的生动现实时用语言产生的一个评价,如果我们的心灵能时时觉察到语言的限制和评价,保持灵动和自由,很多坏情绪,就会消失得无影无踪。因此,动力沟通非常强调要分析语言、拆解语言。其实,没有好、不好的情绪,只有没有被分析和拆解的语言。只要你意识到,你对你自己的状态、你对周围的环境,在进行着什么样的评价,头脑中在自言自语什么,情绪往往就消失了,只剩下了清澈的宁静。

我们仍然用一位安先生团队的动力沟通师与自己孩子的故事"烦心事儿与谈理想",作为例证。

儿子初三,在一个尖子班,成绩中等,学习紧张。

一天傍晚七点五十才进家,一脸的愤怒。饭菜端上桌子,儿子看来饿坏了,一口咬下半个夹里脊肉的烧饼,腮帮子鼓鼓的。妈妈也开始吃,边吃边问:"今天怎么样?"

"哼!倒霉透了,某某老师一直拖堂,拖到七点半才结束。还有我同学说我看的写字板(一个网络写手)的小说很垃圾,我特别堵得慌,真想杀人!"

"嗯嗯,有这个打算你早点实施。"老妈的心不在焉和不靠谱开始显现。

儿子看妈妈一眼,重复:"今天一共遇到三件不顺心的事情,我特别生气,真想把他们都剁了!"

"嗯,有计划早实施。今年你十五岁,剁人成功的话,最多进少管所住个十年八年。我和你爹不打算再生二胎了,这样保证我们还有一个活着的儿子。我们需要把两座房子赔给人家父母,然后租房子住。你爸和我的工资估计租不了很大房子。"老妈继续抢着吃肉,不动声色地说。"要是满十八岁的话，那就不好说了。"

儿子很惊异地看老妈一眼："我跟你说正经的呢！"

"我也是跟你说正经的。咋地，要不然咱们先休学，学学散打跆拳道？要不就少林武术？不然你这个身板儿，砍不成别人被人卸了就麻烦了。"

儿子看老妈还是一本正经地说，憋得难受了，主动问："你不想听听我说第三件是啥事？"

"嗯嗯，我跟你爹没有啥本事，不过耳朵还是可以借给你用用。但是不保证不噎住你。你自己考虑后果，不要抱太大的期望值。"老妈一脸气死人不偿命的样子。

儿子带着十分的愤怒，二十分的痛苦，说出第三件事：

"我在乎的东西他们都否定，我喜欢的东西他们都诋毁，就连我用个铅笔盒，全班每个同学见到都问我：'你咋还用铅笔盒？'"

"哼！以为咱们换不起不是？……"老妈开始愤愤不平。

"我是觉得笔袋很软，会漏笔水，铅笔盒保护笔……"儿子开始恢复平静。

"就是！我们用啥他们管的好宽！还有啥？"老妈撸起袖子。

"同学还说我看的写字板的小说错别字多，文笔差，内容差……"

"没事儿，我不阻止你看写字板的小说。当年我的老师使劲阻止我看琼瑶、金庸，后来他们比谁都喜欢看琼瑶金庸电视剧。也许将来写字板会超越他们。其实从零七年我就开始追网文，半夜五点起来看更新……"老妈说得兴起，筷子在空中飞舞。儿子没有说话，埋头吃饭夹菜了，因为再不吃就被贪吃老妈抢光了。吃过饭，妈妈去洗碗，儿子跟到厨房，真诚且有点失落地说："妈妈，我的理想吧，特别普通，不像男生的理想。不敢说，怕有些人嘲笑我。"

妈妈在 家就在
pretty mum & sweet home

"那你觉得什么样的理想是男生的理想呢?"

"比如拯救地球,维护世界和平,成为政治领袖,最不济成为什么发明家或者什么家……你打我头干啥?"儿子捂住被菜铲子拍了一下的脑袋。

"醒来了!你爹是宙斯吗?你妈是奥特之母吗?还拯救地球呢!再问你,你妈妈是白富美还是你爹是高干?当国家主席这些想法,也可以省省。你就一普通人啦。"老妈一边收回菜铲子放在盆里洗,一面愤愤不平地说着。

"那……我只是想将来有一份不太忙碌的工作,有一所自己的房子,哪怕比原来我们住的(两室)还小,我能养活自己,总之,不当一个啃老族。"儿子缓缓道出自己的理想。

"你肯定可以实现这个生活理想啊。这不就是你爸爸妈妈现在的生活状况吗?相信你可以比我们生活得更好。至于啃老,你就别动这个念头了。估计我们到时候不骚扰你就算好的了。"老妈一脸的无辜和真诚。

儿子说:"我知道啊!可是我们同学都有远大的理想。很远大的理想。"儿子觉得自己很落后,有点痛苦。

"你想跟他们一样有远大理想也可以。不过理想都有可能实现和不实现。有远大理想的伟人,现实生活也是要吃、要住、要休息啊。你现在知道自己是一个普通人,估计将来面对现实要容易一些。"

没过两分钟,那对又黑又浓的眉毛又拧住了:"可是我觉得就是实现这个小小的愿望,也得要考上一中。唉……"看来问题症结在于这里啊,没有信心、没有希望。

"某中和家门口的高中也行。你最想上哪所学校呢?"老妈开始提供安慰了。

"那肯定是市一中了。"儿子还是毫不犹豫。"我还有一个梦想就是将来有一台自己的电脑。可以玩玩英雄联盟啥的。"

"等你上高中吧。不管上不上一中都有。"妈妈开始许诺。好像爸爸之前定的考上一中的奖品就是一台笔记本。

"我想想算了,还是不要在高中买自己的电脑了。要是我控制不住自己,玩上瘾,那么将来什么大学也考不上,理想就完了。"儿子有点壮士断腕的决心。

"那不行,高中管你太紧不让你玩,死学死学,到了大学你没有人管了,还不疯啊!高中一定要给你电脑!自己学会自控!"

"那不行,我没有自控力怎么办呢?前途不就毁了?"儿子很认真地担心。

"你大学时候没有自控力也是一样啊。我们就赔大发了!你想啊,高中没有自控力考不上大学,太好了,我们不用给你付高价的学费和生活费供你,直接去学门实用技术养活自己好了。可是要是上大学了再失去控制不好好学习,我们花那么多钱供你玩去,太赔了!"妈妈越说越激动,"这赔本的事情不能干,一定把你拉下马!"

"算了,不跟你说了。我去学习去了。"儿子哼着小曲走了。

妈妈带着一脸坏笑,心里说:"小样儿,有再多的苦水也都给你挤出来,还跟我叽歪。"

安先生动通加油站

动力沟通,不重视语言(但也不忽略语言),只重视在沟通现场中沟通参与各方(包括自己)的反应。动力沟通的反审认知,始终要跳出局外进行审视,从而让沟通参与者的过去和未来,在现场中得以贯穿。

理性与感性

理性和感性，是动力沟通理论中比较关键的一对概念，因此，有必要再次说明一番。理性，指跟口头语言、内部语言（内部思考）和书面语言（文字）等文字符号有关的人类活动。感性，指内外刺激通过人的视觉、听觉、嗅觉、味觉、触觉（体感觉）引起的心理活动。纯粹的感性是在语言和思维升起之前的感觉。

在人类世界，找不到不用语言，不使用口头语言、内部语言和文字的所谓"理性"。动力沟通理论认为，只要会说话、在说话、在思考的人，都是理性的。只不过，理性的背后，由于人的体验和阅历的不同，内涵是不一样的。不同的人，说同样一句话，背后的含义是不一样的。其间不一样的成分，其实就是这个人独特的体验和阅历。例如，同样一句话，从年轻人嘴里出来，是"为赋新词强说愁"，从老年人嘴里出来，就成了"却道天凉好个秋"！正是因为感受不一样，正是因为很多说不出来却能够感受到的韵味，同样一句"理性"的话，就被赋予了不同的含义和内容。

因此，体验和感受是基础，是内容！理性和概念是框架，是概括！前者决定后者，后者指导前者。只有通过感受，人才跟世界有活生生的联系。一个只重视理性的人，一个生活在自己的概念系统中的人，往往会"目中无人"，活在自己的思想世界里，跟当下、跟现场脱离了接触。如果一个人不去感受他人和世界，只按照自己的想法规划世界、塑造世界，常常会伤害了他人和社会。根据理性与感性的关系，动力沟通理论还提出了如下的毕生发

展观:

0-3岁:用理性辅助感性!

婴儿只是一个身体和感受性的结合体,来到人类社会,就在父母的理性世界里,接受着种种关爱,慢慢地学会了说话,并在头脑中形成了关于世界的概念和形象。

3-30岁:理性阉割感性!

语言是把双刃剑。人在自立之前,一直在被他人滋养着,也在被他人阉割着。阉割的重要工具,就是语言。儿童关于世界的丰富感受,逐渐被语言,进行清晰化和狭窄化。就这样,幼儿、少年儿童、青年人的感受,在跟他人不断交流的同时,逐渐丧失自己的独特性和丰富性。

30岁以后:增加感受,驯服理性!

而立之后的成年人,如果局限于自己的理性(概念系统)中,将丧失鲜活的生命力,并且会不断地跟具有自己的概念系统和心理世界的他人、跟变化的世界产生冲突。只有增加对世界的感受,活在当下,同时,用理性记录和跟踪自己和他人的感受,才能保持创造力和合作精神,逐渐做到孔子说的"从心所欲不逾矩"的圣人境界。

正是由于这个原因,动力沟通理论非常强调家长的感受性。只有家长用心感受孩子,才能减少孩子被理性阉割的程度,增加成长的乐趣,保持学习的兴趣。如果家长不去感受孩子,甚至不去感受自己,只是用自己的理性,用自己的想法、期待和愿望去规划孩子、要求孩子、塑造孩子,那么在学校、

妈妈在 家就在
pretty mum & sweet home

在同伴中已经被理性不断地阉割的孩子，就失去了一个恢复活力的温馨港湾，变得逆反、退缩或者攻击。因此，智慧的妈妈会放下语言，用心感受现场，感受孩子，并努力用走心的语言表达出来，与孩子产生共鸣。我们看一位妈妈，一位动通志愿者的感人文字。

今年女儿因为试上了一节古筝课，就念念不忘古筝带给她的美好感觉。宝贝想学古筝，对音律一窍不通的我有点儿犯难。孩子4岁的时候被我哄骗着去学习钢琴，接下来的几年里跟孩子一提起钢琴就直摇头，表示再也不想学习钢琴。我在陪她听课时也被折磨得要死，度秒如年。

不知道马上八岁的她这个时候学习乐器是不是有些晚，当然也担心她坚持不下来，和孩子认真地谈了谈，自己又想了好多天，后来发现真正的担心在这里：陪孩子一起去学习乐器，其实是在把自己打造成一个"知音"的角色，自己能胜任吗？

"妈妈，古筝演奏的声音真好听，像小鸟在唱歌……"孩子这句话，最终打动了我，原来曲子能这么去听。对于我来说只是觉得好听，却没有呈现出景象。好吧，承认自己并没有用心去感受。于是，我最终同意孩子学习古筝，也决定陪她一起去学习。比起学会任何一样乐器，学会感受到这种乐器所带来的美好和幸福感更重要一些吧。

从认识音区、琴弦开始，在老师的指导下，小手在慢慢地撩拨着一根根琴弦，尝试着让它们唱出有点青涩的声音。我坐在旁边，认真地去感受，发现孩子没有任何技术成分的随意的练习，弹出的声音，竟然可以那么动听。当一根根琴弦发出声音时，我告诉孩子，我好像感觉到一个调皮的小猴子在荡秋千，就这样，一下一下地跳到了一根根琴弦上，把它弄出声响来，然后又荡得老高,拽着藤条朝着下一根琴弦跳去……

她咯咯地笑着,继续起劲儿的练习。

就这样,在我这个忠实听众的实时解读中,她坐在琴旁练习了四十多分钟,我也没有了度妙如年的感觉。一切就是这么美妙。陪孩子感受到音乐的美好,体会和欣赏到音乐带给她的幸福感。在我看来,这比什么都重要。

> **安先生动通加油站**
>
> 动力沟通是灵动的沟通,目的是让人不断地变换角度,朝着有利于事物发展的积极面前进,在这个过程中,不管出现什么样的问题,都要以负责的心态面对,一面静心感受现场,一面努力改变现状,调动所有相关人的力量,实现共赢。

绘制海底地图

动力沟通理论,关于人有这样一个意象:每个人都是一个小宇宙。

陆地和海底,就像人的躯体;人的感觉就像地球上的水,海水、河水、湖泊、地下水,并且这些水基本上是相通的;各种思想概念,就像水面和水里的海洋生物、礁石、漂浮物;天空就像心理咨询师,在默默地关照着每个人。陆地(身体)、海洋(感觉)、各种水里的固体、漂浮物(思想概念),加上天空(反审认知),构成了一个"我心即宇宙"的大写的人。

一个细心的妈妈,会认真觉察自己和孩子这个"小宇宙",深入自己和孩子的心灵之海,探知这些海底的地貌,了解水中的各种生物、各种漂浮物,以及各种珊瑚礁,为自己、为孩子绘制心灵之海的地形图,从而让感性的水流畅通无阻。当然,一个智慧妈妈,在机会合适的时候,也会故意显得很"二",故意用很"二"的语言,触碰孩子心灵之海的各种漂浮物(各种经历之后形成的记忆和思想),从而让孩子的感觉更灵动。下面这位爱好动力沟通的妈妈的文字,很鲜明地体现了这两点:了解孩子的心灵,刺激孩子的心灵。

一天,刚上高中的儿子放学回家后,没有像往常一样和我打招呼,直接进了自己的房间,正忙着做饭的我并没在意。饭做好后,我敲门叫儿子出来吃饭。儿子慢吞吞地出来坐到餐桌旁,看着桌上的饭菜,并没有动手,而是突然冒出一句:"明天我不去上学了。"

听到这句话我也停了下来,看着他,他又说了一遍:"明天我不去上学了。"

我顿了下,没有看他,像平常那样开始吃饭,边吃边说:"好,先吃饭,吃完饭我们再谈。"

儿子站起来又走回自己房间,只留下一句:"不饿,不想吃。"

我发现这件事不谈,今天这饭也吃不成了。就放下碗筷,走进儿子房间,这时他已经面朝里躺到床上,我坐到床边问:"出什么事了?"

儿子头也不回:"没事,就是不想去了。"

看到他不愿意说话,我就站起来:"好吧,我去给你老师打电话请假。就说你身体不舒服,明天请假一天行吗?"

儿子突然坐起来:"我没有身体不舒服。就是不想去!不是一天,是再也不去了。"

我倒了杯水给他,又坐回床边,等他起来把水喝完。然后说:"儿子,我不知道你在学校里发生了什么事,怎么跟你老师请假呢。"

他愤愤地说:"老师才不管呢。"

这下我猜测可能是和同学有矛盾了,继续扮作轻松地说:"怎么,被同学骚扰了?"他不说话,我想我的猜测应该是准了,马上变得很气愤地说:"真让人欺负了?是谁?"

儿子看我也生气了,立刻坐起来,也带着怒气,把经过讲了一遍。原来是他们班上的一个同学,想做班上的"老大",就在班里找一个好欺负的,来"杀鸡儆猴"(儿子的原话)。儿子是他们班里年龄最小的一个,所以不幸被"选中"了,最近一段时间,儿子经常被他召集的人挑衅,要么是被故意撞一下,要么是桌上的书本被故意扔到地上,要么是拉拢同学一起笑话他……今天在厕所里又发生了故意冲撞他的事。

看儿子含着眼泪气愤地讲述,我边听边想着解决的办法。学生之间的暴力事件我也有所耳闻,更有一位同学的儿子曾经被打到耳膜充血,并且惊动了警察。我看他讲完了,就问他:"当时你怎么做的?"

他说:"我没理他,就赶快出来了。"

我又问:"你怕他吗?还是打不过他?"

他说:"我才不怕他呢,他又瘦又矮……可你和老师都说不能打架,只要打架不管谁的错都要被开除。"(家长会上学校老师讲过,青春期的孩子比较容易冲动,而且做事不考虑后果。因此学校有严格的校规,一旦发生学生打架,必须开除。)

我站起来,很高兴地对他说:"儿子,看来你是真长大了,能够控制自己的情绪了,妈妈很高兴。但是我们不能让他继续欺负,明天我就去找你老师。告诉老师是他再三惹事,如果下次他再招惹你,你就可以还击了,咱当年的跆拳道也不是白学的。"

听到我这样说，儿子的心情也变得好了很多。第二天一早，我当着儿子的面和他老师通了电话，约了见面的时间，然后让儿子放心去上学。儿子还是不相信老师会解决。我并不和他解释，而是顺着他说："如果老师在一定的时间内不能解决，再发生这类事件，你就揍他，后果妈妈承担。"

很快一周过去了，这周里我尽量不去提这件事，就像没有发生过一样，儿子也没有再提。又一个周一到了，我故作严肃地问他："怎么没听你再提你那个同学啊，他还找事吗？"

儿子不屑地说："早就老实了，我都懒得理他。"

这件事情在孩子看来已经结束了，但是在我心里始终是个结，考虑再三，我还是决定和儿子谈谈。周末的晚上，一家人坐在一起看电视，我和儿子靠坐在沙发上，摸着他健硕的臂膀，问："最近又有人惹咱吗？"

儿子挥挥胳膊："谁敢！"

我笑了："呵呵，就是，惹一个试试。"

老公在旁边也笑了："你们就是俩'二'啊！"

同样，安先生动通顾问团队一位成员提供的另外一个案例，则从反面说明了这个道理，如果不了解孩子的心灵世界，总是生硬地要求孩子如何如何，则可能会引起极大的冲突。

小毅和浩浩打起来了！听闻学生报告，班主任急匆匆赶到教室。只见小毅满脸涨得通红，喘着粗气，双手紧握一个扫把，直直地要往外冲，要去打浩浩，几个男同学把他围在中间，拦着他。他在奋力挣脱，而浩浩却不见了

不靠谱的妈妈

踪影。班主任大声呵斥他把笤帚放下,一脸怒气的小毅根本不听命令,仍然执意要冲出去打浩浩。

"我今天非打他不可,我要把他打死,跟他同归于尽!"他那惊心动魄的语言重重地敲打在周围人的心上。班主任不由分说,夺走小毅手中的扫帚,带着他和刚才几个同学,去了教师办公室,"坐下,先冷静会。"

这次他没有反抗,坐在椅子上,依然涨红着脸,眼睛里满是愤怒。班主任简单了解了事情原委后,示意其他孩子去上课,自己留下来默默地陪着这个失控的孩子,在陪伴中,小毅一股脑把曾经受到浩浩莫名欺负的事给倒了出来:体育课上浩浩在跑步时踢他,站队时打他,音乐课上打他……包括今天浩浩搞恶作剧,把同学关在门外,他去给同学开门,却遭到浩浩推撞和辱骂的事情。

一点一滴,这些事在他的脑海里记得是那么清楚,仿佛昨天发生的一样,历历在目。这些事情带给他的委屈、愤怒都随着他的忍让一点一点积累下来。而今天的事情成了压垮骆驼的最后一根稻草,让他彻底爆发了。

班主任同随后赶来的小毅妈妈进行了深入的交流,探讨原因,发现这个暴怒的小毅,是一个"被"懂事的孩子!

妈妈从小就要求小毅做一个"懂事的孩子",挨打要忍耐,挨骂要不还口。小毅在压抑了自己的委屈之后,换来的是妈妈"你真懂事,真是妈妈的好孩子"的认同和夸奖。以至于,挨了比自己年龄小的孩子的打,小毅会自己安慰自己并告诉妈妈"我是哥哥,应该让着弟弟"。他认同了母亲对他"懂事的好孩子、好哥哥"的标签,压下了自己的委屈和愤怒,维护了自己"懂事的好孩子"形象。但是,纸里包不住火,硬被"懂事"的形象压抑下来的不满和愤怒,最后终于爆发了。

我们知道，没有一个妈妈不希望自己的孩子懂事、善良、能够宽容别人。但是，妈妈对孩子这样的要求，只是一种自己想当然的概念化的要求，缺乏对孩子内心状态的感受，那么孩子只是戴上了所谓"善良""宽容"的面具，但是，事情到这里并不会结束。那些积压在小毅心头的委屈和愤怒，就像一个随时会被引爆的炸药包，等待着火苗的点燃，终于在自己觉得忍无可忍时做出这样疯狂的举动。

动力沟通理论有个说法：海阔凭鱼跃，天高任鸟飞，只要警察在社会不管的事情，妈妈在家里都不用管！一个明智的妈妈要做的，其实不是提建议，不是提要求，而是用心感受孩子，了解孩子的内心世界。孩子的心灵世界是不断变化的，因此母亲绘制海底地图的工作，永远不会停歇！

如果套用动力沟通丛书中《踏歌而行——动力沟通之个人成长篇》的说法，把孩子的生命比喻为一个乐章，那么这首乐章，永远是没有现成的谱子的。孩子在得到母爱的滋养后，自然会放松自在地去解决自己的问题，踏歌而行。一个不用现成的谱子要求孩子，反而用心感受孩子的"不靠谱"的妈妈，才可能是个好妈妈，她会陪伴孩子，孩子会在自己的感觉之海里，形成自己的思想世界、概念体系，谱写自己的生命乐章。

安先生动通加油站

在对孩子的教育中，父母的关注尤其重要，父母的关注就相当于自我金刚结构顶点的"心理咨询师"；父母无条件的爱，就是孩子"深深海底行"时可以补充能量的基地。相反，人云亦云、断章取义地带着预设和标签去"制造""理想孩子"，结果会事与愿违。

CHAPTER SIX
寻找妈妈

人生四境,全生、亏生、丧生、迫生。迫生为最下境,生不如死。

思想是督察,总按照他人的思想生活,就是一种生不如死的迫生状态。

像妈妈看着不会说话的婴儿一样看着自己和自己的孩子,增加觉察,让语言来为我们服务,而非被语言裹挟,只有这样,我们才可能成为"有妈的孩子,像个宝……",全生而活。

生不如死的迫生状态

动通顾问服务曾经有一个服务对象,某所大学中文系教师冬雪,她的女儿倩倩那时正在上大学,母女二人始终冷战,作为大学教师的妈妈冬雪,总觉得大学生女儿倩倩不会利用时间,在虚度年华,结果导致孩子情绪非常不好,更加无心学习,甚至不愿意认冬雪这个妈妈,见面都不说话。用孩子爸爸的话说:"自己心目中最爱的两个女人,谁也不理谁,彼此之间的眼神都充满了仇恨。"

在一次家庭聚会中,这个高傲的大学老师受到了安先生、女儿和丈夫的围攻。

安先生质问她:"你自己该有多优秀?你自己的时间都充分利用了吗?你自己的学生的时间都充分利用了吗?如果你和你的学生的时间都没有充分利用,你有什么权力来评价和逼迫自己已经成年的孩子呢?"

丈夫也说:"孩子长大了,她有了自己的想法和追求,为啥总要按照你的想法去生活呢?你能管她多长时间呢?看着你们经常冲突,看着你们互相仇恨的样子,我都想离家出走了。"

女儿说:"到了大学才知道自己过去的生活有多么悲惨,自己被这个妈妈教育得有多糟糕！看着人家那些同学，啥都会，学习也轻松，跟他们在一起，我简直像个小学生，充满了自卑……"

这时，一直在旁边沉默不语的老妈妈（孩子的外婆）说话了："我困了，要去睡觉了。我说两句，我家冬雪是我这个老傻瓜养大的，心里也有个傻根，你们可要让着她呀，别欺负她。"

说完，外婆离开客厅，回到自己的房间，关上门睡觉了。

外婆的话和动作，让冬雪的丈夫、女儿和冬雪都忽然安静下来。过了一会儿，女儿倩倩忽然说："我妈妈其实也很可怜，她内心一点安全感都没有，才逼着我干这干那。外婆总是这么支持她，她还总看不起外婆！"

后来，话题围绕着孩子外婆讨论了很长时间，安先生、倩倩爸爸、倩倩一致认为，外婆是个非常智慧豁达的人，只有冬雪一个人不以为然，但是语气明显软了下来。

接着，冬雪开始看《动力沟通理论与实践》，并到中科院心理所旁听了动力沟通版的"家庭教育心理学"课程，作为中文系教授的她，慢慢认识到了自己作为吃饭工具并且引以为豪的"语言"的局限性，并在跟安先生的微信交流中写下这样的文字：

《齐物论》中讲，"役人之役，适人之适"这样的"迫生"状态。人生四境，全生、亏生、丧生、迫生。迫生为最下境，生不如死。思想是督察，总按照他人的思想生活，就是一种生不如死的迫生状态。

在随后的过程中，冬雪的感受性增强了，思想的霸权慢慢减弱了，很少用自己的思想和期待强硬地要求倩倩了，从此与倩倩的关系也越来越改善了，倩倩在大学里的生活也越来越充实，学业成绩也越来越好，现在已经在本校被保送直接攻读博士研究生了。

这次，要写作《妈妈在 家就在》，安先生在朋友圈里发了消息，冬雪马上响应，并写了短文"妈妈在家里等我"。下面是冬雪写出来之后与安先生的对话。

冬雪：文忠好！我写出来了"妈妈在家里等我"，3000多字，刚发过去，算是对你事业表达的敬意和支持，希望知道你的批评意见。

文忠：读了，很感人！谢谢冬雪支持！此时觉得谢谢二字太轻飘。常联系！你要再写一篇怎么用语言阉割女儿的，又怎么被我"抽耳光"的，然后怎么开始感受女儿，最后母女怎么和好的，那就更好了！

冬雪：我记着，以后有感觉有情绪再说，这段时间太忙，在赶一篇早就答应了要写的论文。

文忠：你和倩倩的故事，如果不写出来，真的可惜这个好案例以及你的文笔了。

冬雪：我现在没有心情写，真的。也许以后会……

安先生动通加油站

感受，是自己的心与世界的链接，而不是自己的头脑和想法对世界的评价！始终不忘记用心感受这个世界，跟当下保持密切的链接，不断反思已有的语言可能对自己的心灵的限制，对语义的多样性保持敏感，才可能适应这个世界。

妈妈在 家就在
122 | pretty mum &
sweet home

妈妈在家等我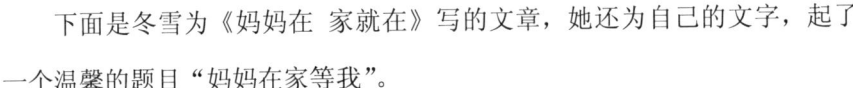

下面是冬雪为《妈妈在 家就在》写的文章，她还为自己的文字，起了一个温馨的题目"妈妈在家等我"。

王文忠第一次见到我妈就说："你们家你最傻，你妈最聪明。"我当时很不以为然，心里想：哼！我读那么多年书，我妈一个字不认识；我经历那么多生活，走那么远的路，我妈一个家庭妇女，一辈子足不出户，她懂什么？！"

我曾经把妈在我生活中的重要性归零，甚至是负数。她不会做饭，不会做针线活，脾气火爆，一心只顾娘家，眼里没有家务活，说话大嗓门……在我15岁的时候，从小给我做饭、负责教育我的奶奶去世，妈第一次站在灶台前，把肉切成鸡蛋那么大的块，肉的外层炒得焦黑，里面还有血丝。

奶奶是大家闺秀，懂得"食不言，寝不语，坐有坐相，站有站相"，奶奶纳的鞋底芝麻似的细密规整，奶奶和爷爷一辈子穿的衣服板板整整，头发一丝不乱，笑不露齿，谨言慎行，遇事冷静沉着，从不惊慌失措。对比之下，妈的一切都只能是另一个极端。大部分时间里，妈都在地里干庄稼活，回到家里总显得六神无主，常跟在奶奶后面怯怯地问："妈，我干点啥？"这样的时候，奶奶总是一边忙着扫地抹桌子，一边很轻蔑地哼一声："干点啥？啥也不用干！"妈见自己在家里没用就又下地干活去了。

在我心中，奶奶一直都是神圣不可冒犯的女神，父亲去世的早，妈妈又

CHAPTER SIX
寻找妈妈

无能,我相信我的教育都来自于奶奶,我亲遗传了她的理性和自尊,我15岁的时候奶奶走了,我哭得死去活来,不知道怎么活下去。那段时间,我用奶奶的眼光冷酷地审视着妈妈身为人母的无能,在单独相处的两年时间里,我唯一的念头就是离开她,这成为我考大学最强烈的动机。那时候,我对她的怨诉是:"你为什么要生我?你根本就没有能力养育我,你们大人太自私了……"这时候妈理亏似的示弱:"你妈不是没本事嘛。"

在成长的岁月里,我也曾在无助、迷惘的时刻本能地向妈讨教,她的回答是:"妈不识字,我哪知道该怎么办,你自己看着办吧,咋办就咋好。"或者很惊慌地喊一声:"老天爷呀!这可咋办?"慢慢地,艰难时刻我不再想到她,自己选择一切并承担选择的后果。在艰苦跋涉的旅程中,妈的缺席惯养了我悲壮的个人英雄主义精神。

再后来我成家生女,妈给我带孩子,白天我去上课,下班回来看书备课写论文洗衣做饭干家务。妈带着我的小女儿出去玩,给我省出午休时间,给我节省读书时间,给我节省干家务的精力。

如今我的孩子长大了,妈也老了,八十多岁的母亲每日严守作息时间,四季风雨无阻地出去散步锻炼,把自己的身体健康看作是对我最大的支持:"妈帮不了你什么,尽量少拖累你。"

生活如此艰难,妈却能健康快乐地活到80多岁,也许在妈"百拙无益"的表象之下,还潜藏着我从来没有发现的什么吧?于是,我打开母亲这一本无字的天书,开始用心去慢慢品读。温馨的往事渐渐在记忆里浮出:

黄昏的风雨中,妈柔弱的双肩压着两个重重的大水桶,从村子东头的井里挑水回来,身体由于水桶的重量前仰后合。在干完一天庄稼活之后,她总是习惯性地把水缸注满,让奶奶做饭洗菜有水用。

妈妈在 家就在

pretty mum & sweet home

下雨天,我上学没有穿雨鞋,放学时妈必定是等在学校附近的邻居家背我回去。

跟妈去赶集,她总是从奶奶给她买东西的几块钱里省出一毛钱,到大食堂给我买一碗温热的胡辣汤,坐在旁边看着我吃,我问:"妈,你咋不吃?""妈这么大岁数了,啥没吃过?你赶紧吃吧,妈看着你吃就高兴。"

我特别喜欢吃花生和核桃,妈总是想方设法买来,藏在一个地方,每天只给我一点,早上叫醒我的时候悄悄在我耳边说:"乖,赶快起来,看老鼠娃给你拉花生来了。"这时候,我一定是睡意全消,兴奋地从床上一骨碌爬起来。

那时候奶奶当家,妈辛苦干了一年的农活,到年底分红的时候,总是爷爷去生产队会计那里把她挣的钱全部领回来交给奶奶管理,妈一分钱也得不到,但她说:"有老不显少,是你奶奶当家。"

在爷爷奶奶生病躺在床上的时候,无论刮风下雨,满世界找大夫买药熬药的人肯定是我妈(我还有几个叔叔和他们几家十几口人)。

我问妈:"当年,妯娌之间上午还在指桑骂槐地欺负你,下午就嫂子长嫂子短地让你给人家抱孩子或者帮忙上街换面,你总是乐于从命,你是咋想的?"妈说:"咋想的?骂人的话再刻毒也长不到身上去。多干点活也没啥,气力是奴才,去了再回来,干活又累不死人。"

我问妈:"我小时候奶奶一直把我紧紧地护在身边,把你推得远远的,担心你没有能耐把我带坏了,你为什么不和我奶奶去争我?你就不担心自己老了我不喜欢你、不养活你吗?"妈说:"嗨,那时候你还小,我和你奶奶争你,不是让你夹在中间难受吗?再说你奶奶对你好,我也高兴。走到天边,妈还是妈。照常说,舍得做官爸,舍不得叫花子妈;儿不嫌母丑,狗不嫌家贫。你看现在你不是长大了,妈不是也能享清福了吗?我就知道有这一天。"

CHAPTER SIX
寻找妈妈

妈让我相信自然规律，自强不息的同时尊重自然和他人。生活的风霜和疾病带走了她那一代的很多人，还有一部分她的同龄人正在遭受病痛的折磨，而妈却能颐养天年。如今，每日几点起床，几点听戏，几点听评书，几点看电视，几点睡觉，饭吃多少，水喝多少，妈绝对是一丝不苟地坚持着，她说要活就好好地活着："有妈在，你们在我眼里永远都是孩子。"

过去很多年，我和妈虽然生活在一个屋檐下，但我们之间却横亘着千山万水，我也甘愿在心理上和她远远地拉开距离。然而，妈一直都用她的沉默和忍耐，用她对我的无限包容和信任坚定地站在原地，随时等待我回去找她。

当我终于发现她，当我终于能体会到她的好，我的灵魂得救了。我才明白：不是妈离不开我，而是我依赖她，而且越来越依赖。文忠不愧是动力沟通专家，他一眼就看出了我妈的智慧，而我用很多年才慢慢体会到这个真理。真是惭愧，难怪他说我傻。

妈在，童年就在，有妈的过去是一个温暖鲜活的过去；妈在，希望就在，有妈的路上总有光明指引着。

如今，一周五天的工作日里，我总在紧张的生活状态中。周末回家静静地坐在妈身边和她一起看电视，或者和她在小区里散步，看花开花落，听鸟语闻花香，听她讲几十年前村子里每个人的故事。妈的脑子像个百宝箱，随时拎出来一件事就会立即把我带入一个熟悉而遥远的时空中，生活的节奏慢下来，心情变得旷远，地老天荒的永恒感让世界顿时朗润起来。

动力沟通理论，也常常把人比喻为一个家庭，身体是自强不息、默默无言的父亲，感觉是细致敏感、链接内外的母亲，思想是3-12岁的喧嚣的孩子，在每个核心家庭中，还若即若离地生活着一个慈祥的老祖母或外婆（或者家

妈妈在　家就在
pretty mum &
sweet home

庭心理咨询师），她在宁静温馨地注视着整个家庭。安先生团队的负责人之一、动力沟通理论的倡导者、中国科学院心理所沟通研究中心主任王文忠博士，还有一首打油诗，描写了这位妈妈——祖母。

妈　妈
——祖母之歌

陪伴你清醒，

陪伴你睡觉，

陪伴你吃饭，

陪伴你撒尿，

只要你自在、自主、自由，

就好……

让我轻抚着你

每一寸皮肤，

滋润你

每一个细胞，

陪伴你

感觉着你的感觉，

思考着你的思考，

委屈着你的委屈，

骄傲着你的骄傲，

CHAPTER SIX
寻找妈妈

我陪伴着你,
期盼你和你周围的一切
吉祥安好。

我凝视着你,
你凝视着你和你的世界,
凝视中,
一颗金光灿灿的钻石
在饱满中闪耀……

当你长大,
我已变老,
变成祖母（外婆）,
默默含笑,
享受天伦之乐,
看着你的身体和感觉这对夫妻,
陪着思想这个小孩,
玩耍打闹……

安先生动通加油站

无我的状态，就是自我金刚结构平衡运转的状态，身体、感觉、理性和反审认知各居其位，各司其责，自我便会在跟他人的融洽关系中，消融在越来越大的金刚石内部。

找妈妈的历程

观书有感二首·其一
朱熹

半亩方塘一鉴开,天光云影共徘徊。

问渠哪得清如许?为有源头活水来。

重视阴阳平衡的中华民族,一直是个重视母亲的民族。在物质、政治领域,父权确立了绝对的权威,在文化、精神领域,母亲则成了心灵的归宿。绵延5000年的中华文明,这种充满了感受性的母亲崇拜,正是一种不竭的活力源泉。宋代理学家朱熹的这首借景喻理的名诗,形象地表达了这种微妙难言的感受。生生不息的中华文明,正是常有感受性的活水注入,因此像明镜一样,清澈见底,映照着天光云影。

动力沟通理论也非常重视感受性,并把感受性比作母亲,出局的感受(比作祖母或外婆),比作自我心理咨询师。在思想概念系统中画地为牢、苦苦挣扎的人们,只有进入这种无言的感受状态,才能回归心灵的宁静,才能恢复前进的力量。因此,人的成长过程,就是在掌握了知识、形成自己的思想体系的基础上,重新找回自己的感受,并能出局地感受和觉察。以下这位动力沟通师的寻找妈妈的历程,提供了具体的说明。

CHAPTER SIX
寻找妈妈

记不清楚在哪篇文章中看过这样一句话：人的一生就是不断寻找妈妈的一生。回顾自己的经历，还真有点这个感觉。有的朋友可能要问：谁不是妈妈生的呢？每个人一出生就有自己的妈妈，为什么还要去找呢？

是啊，当我们刚刚出生，获得了妈妈全身心的关照，无微不至，妈妈从我们的一哭一笑中了解我们的每一个需求和感受，没有批评和指责，只有关爱、照顾。有这样的妈妈的感觉真是美好啊，让人安心，让人自在。可是随着年龄的增长，我们听懂了语言，这样的妈妈就消失了，取而代之的则是一个不断用语言评判要求我们的妈妈。

那个曾经默默无语，用心包容爱护我们的妈妈哪儿去了呢？

因为我们曾经得到过那样安心的爱，所以我们不甘心失去它，终其一生都要找回那种无言的爱的感觉。有的人可能找到了，有的人还在找，有的人恐怕已在绝望中关闭了心灵之门。

在我的记忆中，我的妈妈是个勤劳善良，不断上进的人。在生活上她给了我浓厚的关怀，在思想上却给了我惨烈的打击。妈妈用她自己的人生哲学衡量着我的一言一行，我的一切与之不同的地方都被贴上了"错误"，"傻瓜"的标签。

曾经，我怀疑自己天生就是一个缺心眼没能力的家伙，即使我在学校学习优秀，担任班长多年，但我在那时却从来没有觉察到自己有什么优秀之处。反而我每天活在对自己的质疑里，特别在意别人对自己的评价，在别人的言语和表情中寻找验证着自己是有多么的差。别人批评、建议，甚至一个眼神，都会让我暗自痛苦良久。

我活在勤劳自信但是严厉的妈妈给我的框架里，感觉不到自己的感受，只是在不断地审判着我自己。还有妈妈那不稳定的情绪，犹如一颗不定时的炸弹,不知哪个点会引燃她,从而让她暴怒。所以,我从小都很恐惧,害怕她把愤怒发泄到我身上,而也总以为是自己确实做得不够好而让妈妈生气。

长大后,我在与人交往中,只要对方有不开心的表示,我都如惊弓之鸟,在心里升起的第一个念头就是:我哪里做错了?一定是我的原因让事情变成这个样子的。于是我走上了一条不断苛求自己也苛求他人的紧张、焦虑、控制与痛苦的路。

可是这条路太累也太苦了,我活在无限的评判-自我评判中,用头脑中概念的框架把自己框住,远离自己与现实,终于有一天,我以生病的方式躺在了人生的半路上。当我在这段艰难的人生岁月中不断前行的时候,我内心那种寻找最原始的母爱(没有评判,默默接纳抚慰我的身心)的渴望从来没有停止过。

我对遇到的每一个亲近的人,都渴望她能像妈妈一样给我我渴望的、需要的爱,但是这样的渴求吓跑了很多人,我也失望过很多次。同时我是幸运的,我遇到了我的先生,他是一个温和善良有着广阔胸怀的人,他陪伴我度过了不知多少次内心的动荡。因为承袭了妈妈的一些模式,我经常会内心上下颠簸,怀疑自己怀疑人生,十分痛苦。痛苦时就会闹啊,闹自己,也闹亲人们。每当这时,先生都无言地陪伴我,任我发泄情绪,听我诉说,给我拥抱,帮我擦去泪水,肯定我已经尽力了,做得很好了,却从未指责过我或者说我哪里做得还不够好而非要让我改变。在我生病疲劳的时候,他默默地做好家务,照顾好孩子,让我安心而温暖。正是他这份不变的关怀与无言的陪伴,让我有力量觉察自己的局限,不断地完善着自己。我的先生就是我的第二个妈妈啊,虽然他是个男人,听起来觉得很好笑,可就是他再次让我感受到那种无言的陪伴,从而在他身上感受到自己也感受到他人和世界,不再在思想的世界里横冲直撞。

后来我接触到动力沟通理论,它提出每个人自己就是一个家庭——身体(父亲)、感性(母亲)、思想(孩子),而那个顶端的觉察之眼就是自己的心理咨询师,我不禁豁然开朗:是啊,我们的父母都有自己的局限,他们已经尽自己最大的努力给了我们他们能给的最好的爱;其他人也没有义务给我们想要的爱,何况每个人都渴望着那份无言的关怀。怎么办?只有努力自己成为自己的妈妈,让自己时刻带着觉察的环视的目光,给自己一份清凉的慈悲的陪伴,默默无言的关照着自己。当我可以这样去做,我的心灵安静下来,不再无所归依。在找妈妈的历程里,我也给自己的灵魂找到了家,原来它一直在我这里。

> **安先生动通加油站**
>
> 认识自我是一切的起点和终点,因为自我就是各种关系的集合。缺乏反审认识的自我,则处于不断地动荡和挣扎之中……

妈妈回归之路:真诚+觉察

诚则明矣,明则诚矣。心诚求之,虽不中亦不远矣。唯天下至诚,为能尽其性;能尽其性,则能尽人之性;能尽人之性,则能尽物之性;能尽物之性,则可以赞天地之化育……

(引自《中庸》)

2012年底诞生于心理服务一线的动力沟通流派，非常重视家庭，重视家庭关系的调整。2015年底，动力沟通团队推出了面向家庭的动通顾问微信服务，针对当前家长与孩子交往中最常见的语言压迫、思想约束，提出了"让妈妈回家、让感受性回家"的口号。

本文是对一个动通顾问案例的全面回顾。通过对客户A（妈妈）、C（儿子）从进入团队接受服务，到彼此接触和了解，最后母子间达到一个新型互动状态的过程描述，充分说明了一个好妈妈的特征：真诚+觉察。

一、案主情况介绍

这个案例是一个常见的三口之家，一个由爸爸、妈妈和儿子构成的核心家庭，这位妈妈寻求帮助，解决儿子叛逆、暴力袭击母亲等问题。从团队收集到的背景资料看，这个家庭中父亲是一位公司老总，母亲是一位多年从事公安工作的警察。

儿子20岁，在澳大利亚上到大二后由于适应不良而休学，回家与母亲同住，父亲因工作忙碌，常年不在家。儿子在家时有情绪失控、责骂及暴打母亲的行为。母亲在网络上看到动力沟通顾问服务的介绍后，寻求动通顾问团服务。家中人物下文简称为A（母）B（父）C（儿子）。

二、服务渠道

建立3名顾问+AC（父亲B没有参与）的AC动通顾问服务组，同时有一名秘书把服务组的对话，及时发送到近30人的动通顾问群。动通顾问团团长王文忠博士亲自担任AC动通顾问服务组组长。

动通顾问服务的6人小组就像在一个玻璃房里沟通交流，外围一圈30

名动通顾问认真地观察倾听。动通顾问通过对服务组里面的对话分析与研讨，写出自己的顾问日记，然后组长根据沟通进展的需要，将这些顾问日记摘录到玻璃房（服务组），对 AC 母子两人提供反馈，同时观察 AC 二人的反应，确定下一步的沟通策略。

三、服务阶段性效果

客户的反馈是最好的效果。下面是服务一个月后客户反馈的微信记录：

C：我曾经参加过心理咨询，然后我觉得那个咨询师太被动了，一直在听我说。

王：（微笑表情）

C：我每次去那里都是不停地重复相同的话，这个很烦。你和他不一样，你能从我的叙述中提炼出我都不知道的真正的想法。

王：谢谢 C 的鼓励。

C：不必谢，是你们做的确实好。

王：继续努力，不辜负 A 和 C 信任！

A：哈哈，得到 C 的表扬那是不简单的呀。

王：（大笑害羞表情）

A：C 以后会真心给你们做宣传的，我坚信。他很真诚也很善良。感谢王老师及动通群的各位朋友的陪伴，让我和 C 都有很大收获。

王：真诚 + 觉察 = 吉祥

A：觉察是很难自己做到的，C 原来总要我反省，我也不知道哪里不对，就不敢发表观点了，并迁就他，也不能对他的口味，通过在这里交流，得到王老师无情的纠偏，才知道自己的问题在哪里。我太傻了，总是自说自话，不知道孩子在想什么，也不知道他曾经受到那么多苦。

同时C也开始反观自己的行为，在生活中每对母亲大声吼一句，都开始觉察反省并自我检讨。

四、案例过程回顾

从AC顾问小组一建立，作为组长的王文忠博士就首先抛出一个顾问团的顾问日记，作为火力侦察。

分析1：

在这个儿子与妈妈看似尖锐对立的家庭中，从夸张地表达他对自己妈妈的种种虐待，似乎在呈现着自己的"强大"与"呼风唤雨"，这让我想起一句民间俚语：咬人的狗不露齿，叫唤的狗不咬人。仔细感受这个孩子——这更像是一种夸张的自我安慰与自我满足、或许再加上点自我壮胆罢了。

由于并没有见到这对母子，只能从孩子在群里的表现和言语中窥探并做出一种推断：母亲内在还是极为强势的（虽然孩子说经常揍她，事实上只有两次）；孩子还是战战兢兢的（虽然他表现得貌似强大）。

所以我个人觉得：即便不干预，这个阶段终究也会过去，天塌不了。如果介入干预，我会觉得反而棒喝这个貌似焦虑不堪实则"外强中干"的母亲。

这种投射性分析抛出后，C首先有了比较正性的回应，表示"很开心能从旁观者的角度来看自己"。A也有了反馈"感谢各位专家学者的关注和帮助,能从专业的角度剖析问题,让我感觉到前进的道路上有盏明亮的灯,正如王老师所说的,时代不一样了,孩子进步了,我们做家长的还没跟进。我想在这个大家庭里,我们会有很大收获的,能感受到人间爱的温暖,亲情的珍贵。"

随后,组长文忠老师接二连三抛出顾问团20多位成员对ABC的个人分析,这一连串动通模式的组合拳,让客户在猝不及防的情况下,从开始的寒暄客套、掩饰防御,顷刻间进入了思维激荡模式。在这个过程中,不自觉地开始呈现出了AC生活中发生矛盾与冲突的惯常模式——C开始攻击,A开始"体贴地防御"。无论儿子还是母亲,都呈现了对顾问小组的不信任和防御状态,如C说"王老师对我要求高啊,要我从垃圾里找出有用的"、A说"今天没时间谈想法,改天再聊"……

一般来说,面对这样的情况,心理工作者往往会偃旗息鼓另谋良策,甚至会惶惶不安考虑客户是否已经拒绝服务。顾问组长又一句"再来两个分析",又接连抛出顾问们的立体攻击,并且告诉客户,这些都是顾问们的感受,并且语言又是对感受的投影,不同人的感受和语言,重重叠叠,肯定不准确,等等。

分析2:

压抑下说教的冲动,感受C。这是一个被忽略很久的孩子,没有人关心他要什么,也没有人倾听他的内心,或许他只有用一种暴戾或疾病的方式,才会得到别人的关注。被父母激起了愤怒的拳头,用肢体暴力的方式寻找自己。爸爸是个不负责任的男人!他一直是个玩偶式的男人,妻子孩子的生活质量，似乎也与他无关，这个家里爸爸是个可有可无的摆设。

分析3：

妈妈是个永远不满足现状的女人，或者说心比天高更合适。她本来是个智力和能力平平的普通女人，却并不自知，一直过高估计自己的能力，幻想自己的丈夫、孩子出人头地自己因此光彩照人。但因为丈夫经常不在身边，缺少依靠和安全感，于是出人头地的重任，就完全寄托在C这个可怜孩子身上。

分析4：

这个家庭被压迫和屈辱充斥着，哪里有压迫哪里就有反抗，C带着这些情绪在压抑中成长，现在他有力量反抗给他带来这些感受的人，报复心理很重。过去被主宰，现在他要主宰，让父母体验他所经历的内心感受，看到妈妈难受高兴，就是在告诉妈妈，我现在就是曾经的你，你看到了吧，你打我的时候，你贬损我的时候我学来了，我有更多的花招折磨你。

C内心也在折磨自己，不知道如何与亲人交流与沟通，内心渴望亲密，但却被愤怒隔离，只有以这种方式和妈妈互动，这也许在表达亲密，只是无法控制自己的情绪，以正常的方式来寻求爱。妈妈也在痛苦退缩中寻找原因，这种退缩又让C看到妈妈的无能，与过去的强势形成鲜明对比，于是，这个家似乎是C在主宰着，掌控着，也混乱着。

分析5：

C坚决地反对妈妈称呼自己为"宝贝"，语气中似乎凝结了深深的寒意。

爸妈的"宝贝"，无论自己做了什么，也无论自己成为了什么，都是被爸爸妈妈所珍爱着的，世界上独一无二的独立个体。宝贝不必被爸爸妈妈语言中及神情里流露出来的意思所框制，可以拥有自己独立的体验及情感，并且被允许表达出来。C的记忆里，可能没有做过这样的宝贝。

妈妈现在努力但是无力地迎合着儿子的情绪，试图重新建立亲密的情感，屡败屡战……

是C关于"宝贝"的记忆有错，还是父母对待宝贝的做法有错？还是……？随着动力沟通的进展，每个人的自我觉察增加了，可能记忆和做法，都会变化？值得期待！

分析6：

C说自己的爸爸B总对自己提出高要求，如果做不到，好像自己就是个垃圾。B对C这种做法，跟我爸和我的互动出奇的一致。我没变成C，没有殴打辱骂家人，可能是因为有个无条件关爱我的妈妈，真把我当成宝贝的妈妈。可惜，C没有。

C要的就是无条件地接纳的父母。我妈已经是接近圣人的妈了，她也不能做到无条件接纳我的一切。在这复杂多变的世界上，只能把自己变成自我金刚结构，自己接纳自己、陪伴自己，自己当自己的慈母。只能靠自己。别无他法。外求他人，只会让自己更痛苦。

就这样，顾问团各位成员根据客户AC母子或多或少的反应，从各个不同角度进行感受、思考着，并按照顾问团的要求，每两天一篇顾问日记对该案例进行分析，并由组长选择时机发进服务小组进行扰动。随着分析文字扰动的进一步加强，客户母子似乎都在这个火爆的氛围中，比较快速释放掉了一些情绪，逐渐开始进入了较为内在的思考。儿子开始发现并表达"顾问们的分析，这种投影并非遮蔽真相的垃圾，我感觉更像是对表象的深入挖掘"，妈妈开始说"刀刀见血啊，渗透到灵魂深处"的话语。

王文忠博士还在AC服务组，把工作原理进行了说明：

要点：妈妈A，在说话（微信群写字）时，多展现自己的内心世界。在可能涉及儿子时，要多留点心。原因是，儿子C已经在以破罐破摔的受害者复仇心态，在带着敌意盯着妈妈A！

只要妈妈A在这里说话时，内心时时在觉察自己，有个自我咨询师在陪伴自己，那个出局的观察的眼睛，在闪烁，我们就达到目的了。

至于儿子C，他的痛苦，他的愤怒，我们不管，也管不到。因为，他现在正盯着他妈妈呢。他虽然法律上成年了，但是经济上还不独立，所以，盯着妈妈对他的不尊重，帮着妈妈改正，我觉得是有价值的，是利用自己痛苦的休学时间，帮助妈妈A快速成长！

另外，当妈妈的自我心理咨询师激活了之后，这个家庭的生态，可能就改变了，儿子C可能也变了。因为，我感觉，这个妈妈内心深处，还是善良、负责开放的！她愿意接受我们这个创新性的动通顾问服务，就是证明。

另外一名顾问也写了如下文字：

对A和C分析，每个顾问都有不同的角度，我觉得这其实是一个立体架构的搭建，从而对这对母子提供了观察自己的不同角度。至于C，我看到C已经开始了自己在和自己的搏斗，即：对自己行为习惯的质疑和全面感受。

顾问小组既是他们母子俩的镜子,也是一群拿着剑的演员,时不时地刺一下妈妈和儿子,帮他们发现意识不到盲点,从而有可能刺激他们跳出固有对抗模式,产生新思维。从这点来说,我们的工作就是有价值的。而且我个人觉得,不管他们是否坚持下去——他们一定会有和过去不同的感受,生活会和以前大不一样。

顾问服务开始良性运作不久后的一天,C 正在外地旅游,突然因为用信用卡花钱的事情,和妈妈一言不合发生冲突,骂妈妈是狗、婊子,并扬言要自杀。母亲急成了热锅上的蚂蚁,在顾问团里求助。儿子也在顾问团里发红包,要求谁认可妈妈是狗,就可以领红包。

面对这次危机,顾问团采用了如下方式:

1. 顾问团 3 人收了 C 的红包(留下秘书一人没有收红包),答应 24 小时把妈妈当成狗。

2. 团长请 C 当顾问助手,给 C 发工资,要求他每天写 100 字的作业,就可以领到工资,以维持跟 C 日常联系。

3. 要求 A 每天在圈里最少 50 字的情感表述,一是帮助 A 提升自我感受,二是可以多呈现自己,方便顾问团拆解母亲的语言,帮助母亲突破陈旧思维壁垒。

4. 在圈里制定严格惩罚制度:母子俩互动时,如果母亲自我觉察不够,出现触碰儿子自尊的伤害性语言,就要被罚款,每说错一句罚款 50 元。

5. 在顾问服务组,与 C 讨论死亡问题。王博士与这对母子关于死亡的讨论摘录如下:

王：你今天说到了死，我也说说。我天天想到死。今天晚上饭后散步，还想到你们两个，觉得要找机会聊聊死亡的话题。

C：嗯。

王：动通人，都是向死而生！所以，我常说，要对得起自己的心，别坏良心，结交朋友，一起走在死亡的路上！只有努力做到，这一秒死了，都不后悔，人才能活的坦荡！另外，自杀的年轻人，都是好人！他们遭遇那么多痛苦，宁可自杀，也不杀人！我专门写过一篇文章，提倡"向死而生"，发现死亡的意义，感谢死亡带来的彻底解脱，并在解脱前，尽心尽力尽责！C，反正闲着也是闲着！陪我们，陪你妈，玩玩，多写写你的经历和感受，我每天给你工资（每天一元）！

C：还能挣钱？

王：图书海报。一天1元的工资！一个打妈妈的人渣，经过当一年的动通顾问服务助手，变成了心理学工作者和作家！绝对奇迹！值得阅读！

C：这不能拿我当宣传点啊！

王：必须的！必须宣传你过去的恶，书才好卖！

C：那我拒绝。

王：你可以匿名呀！身份、姓名、男女、城市、情节，都是可以改变的！

A：C不是人渣啊，打妈妈是情绪发泄而已。他认为我没有给他很好的指引，或者对他过高的要求……

就这样，在面对这次突发危机时，动通顾问通过尊重C的情绪，同时提高妈妈的感受性，并赋予孩子监督妈妈的权力，并且平静地带着辩证的哲学意味讨论死亡，这次惊险，就这样悄然化解。

在后面的交流中，C表现出了非常灵敏的思维模式和清晰有力的表达，C对顾问小组的情感越来越积极：我很喜欢这里，因为身边的人看待事物总是带着他们的观点，只有这里能不带立场地来看待和分析我们的关系。

可是紧跟着他又说：

今天我打了我妈，他们生我不养我，不管教我，不用合理的方式来规范我的行为，让我变成了一个流氓，他们也自然只配做流氓的父母。现在我已经不是流氓了，但是他们还是流氓父母。我经历痛苦改变了，他们凭什么不改变？我不要一个冷漠懦弱的父亲，也不要一个粗鲁直率的母亲，我一定要他们改，他们变，可能好、可能坏。但结果不重要，重要的是我不喜欢他们现在的性格和形象。

顾问组长一早上起床看到C在组里的留言，觉得这个问题很严重，如何一方面保护挨打的妈妈A，一方面尊重并告诫犯错的儿子C，是一个难题。经过思考，组长充满感情、真诚恳切地写道：

想着愤懑中的C，想着无奈中尝试的妈妈A，想着艰难中前行的动力沟通，忍不住流下了几滴鳄鱼眼泪。A妈妈呀，你的儿子，自己承认了，自己就是流氓。他要用自己的流氓，把你逼成圣人！多么可怜可悲呀！一个20岁的人具有宝贵的青春，但是处处碰壁之后，开始把注意力集中在一个马上50岁的快退休的普通女人身上，要把妈妈这个年近半百的普通女人，变成圣人！而妈妈A，是一个什么人呢？一个在外面受人尊敬的警察，家庭生活如此凄惨，忍受着亲生儿子的暴力！

目前，C该是多么的绝望，执行的又是一个多么绝望的任务！C的内心世界，该是怎样的冲突！动通顾问服务，是提倡每个人觉察自己，也觉察他人，而不是对他人指指点点，把他人当圣人来要求。动通家庭顾问服务一出手，就遇到如此凶险绝望的任务，我内心也有某种绝望。造化弄人呀！

我心疼的是：C因为母亲不是圣人而打了母亲，并在微信群里告诉了我们，我们能怎么办呢？毫无办法！我们唯一能够做的，就是重复那句话：别跟着对方的语言转，要穿越语言的迷雾，为自己的行为负责！

谢谢C和妈妈A，用语言在顾问小组呈现他们的家丑，丰富了我们这个顾问小组，丰富了动通顾问服务！希望A妈妈保护好自己的尊严和身体，包括呼叫自己的同行（警察）来保护自己，或者呼叫精神病院的救护车来强制儿子！更希望C在愤懑的休学生涯中，让郁闷、愤怒、痛苦，转化成清澈的文字，而不是增加妈妈和自己心身上的伤痛！

A妈妈，我作为动力沟通的倡导者，动通顾问团团长，AC动通顾问服务组的组长，我必须强调：自己的责任，自己承担；我们本顾问服务小组，对你们家发生的一切，不承担任何法律责任。我们几个成年人一起进行一次心灵之旅，并且您的儿子C还是您邀请进来的，我们每个人，为自己的行为和命运负责。我们本群的所有记录，都可以作为证据，在必要的时候，向世界、向法庭呈现。

团长流下鳄鱼的眼泪，至诚坦荡的一大段语言呈现给母子俩，像高质量的镜子的映射反照，明亮清凉温暖。于是，母子二人开始慢慢互相觉察并互相体谅了，并且想把工作繁忙的父亲也带进顾问服务小组了。但是，由于父亲工作忙碌，一直没有进来。

总之，这个母子动通顾问小组的服务过程充满了戏剧性，在一波三折中，母子二人在不经意中发生了变化，儿子 C，从理直气壮打妈妈的逆子，变成了妈妈的心理顾问，并且能够在伤害了妈妈后反思自己，并采取补救措施了。母亲 A，则从表面委屈、内心武断的妈妈，变成了一个非常留心自己语言、只怕又不经意地伤害了孩子的觉察者，经常在微信群发言时，发出来，又撤回去，修改几个字，再发出来，觉得不好，又撤回去。当然，A 这么做，一方面是害怕被罚款，但同时也体现了 A 的内心，开始对语言伤害性进行觉察。同时，最可喜的结果是，在动通顾问服务 5 个月后，这个带着愤怒和伤痕的休学的孩子，又带着信心和勇气，重新回到澳大利亚上学了。

五、本案例的特点

回顾整个案例，呈现出以下四个方面的特点：

1. 刀尖上的舞蹈之创新模式

无论是团体治疗还是家庭治疗，都是一个带领者最多加一两个助教，动力沟通却是一个带领者带着一个团队来为一个家庭服务。这其中的风险性，无异于刀尖上的舞蹈。要跳好这场创新的舞蹈，就要既尊重团体咨询的一般规则，又要将创新带来的风险性降至最低。

欧文·亚隆是团体心理咨询当仁不让的泰斗，他在其著名的《团体心理咨询——案例与实践》第五章"治疗师的任务"中，写道：

治疗师对于团体的创立和召集当然是责无旁贷的……成员的稳定性似乎是成功治疗的必要条件……治疗师的第一项任务就是协助创立一个实质性的群体——团体。

动力沟通的理论基石就是出局反观的凝视与环视的眼睛，它似乎具有比存在主义心理治疗更加慈悲与温暖的情怀。作为动力沟通理论的主要倡导者，王文忠博士召集了有着心理咨询经验又对动力沟通有所理解的骨干力量，组成动通顾问团，提出"真诚+觉察=吉祥"的原则并加以贯彻执行。

在欧文·亚隆还在对网络团体表示谨慎开放的时候，动力沟通顾问团已经探索并创建了崭新的顾问模式，并取得初步成效。近30人的顾问团涵盖50后、60后、70后、80后、90后五个年龄段，对同样的信息，每一个人都是一种角度，将这种不同视角的个性分析，像炸弹一样，根据时机，有选择地空投到AC服务组，一面反复化解这些投射语言的野蛮性，一面将激发起的客户回应作为语言拆解的资源，促进客户自我觉察并建立行为规范。

2. 精妙的语言拆解

顾问服务组的工作始于每天连续空投顾问日记，每一个站在自己角度的顾问日记，必定激起客户内心的波澜。如同投石问路，只有当客户有所回应，才能进一步交流。然而，石头也可能会打到人，因此，就像打水漂，需要不断调整石头的方向和力度，让石头从水面划过，化解它的攻击力，只留下涟漪。因此顾问工作一开始就连续4天边发顾问分析，边拆解这些分析。

第一天

王文忠

C、A和各位，千万别把这些分析和假设看成真的，它们只是动通顾问们根据群里的讨论，进行的一点猜想。（拆解分享与镜子的语言意义，打预防针）

我们随便交流，并慢慢把20来份闭门造车的分析，逐步分享完。这些

分析，可能都是哈哈镜里的自己，肯定不准确，只是提供给我们一个观察自己的镜像。（提供化解冲击的安全垫）

第二天

王文忠

我觉得有一点怎么强调都不过分：千万不要把这里的评价、分析、假设当真！它们只是镜中花、水中月，而且还是凸凹不平的镜中的花，浊浪翻滚的水中的月。

对空投炸弹再次拆解，通过对于顾问日记这种"浪花"意象的强调，再次确立客户的主体位置，让客户成为顾问日记的评价者，而不是被固定在被评价的地位。客户既被触动又不卷入，是较理想的觉察位置。

第四天

王文忠

我们每个掌握了语言的人，在遇到事情时，总会马上在头脑中形成一些分析和猜测。尽管这些分析和猜测不准确，但是人，总会受这些分析和猜测的影响。动力沟通的优势，就在于，觉察这些自动出现的分析和猜测，发现其根源，并尽量保持开放的心态，减少这些分析和猜测的潜在影响。

我们把这些不成熟的分析和猜测发这里，就是想强调：一个人的言行，都会在他人心目中留下投影；投影重重叠叠，有时会遮蔽了真相，成了垃圾；怎么减少受投影（言语、假设和分析）的消极影响，是一个人一辈子的修行。

妈妈在　家就在

pretty mum &
sweet home

（在又空投了2篇顾问分析之后，继续拆解顾问投射分析的危害性，保留其资源性。）

3. 意象+隐喻的语言拆解利器（概念重组）

意象和隐喻在动力沟通中占有重要位置。动力沟通的基本理论就以金刚石意象为基石，其美人技术也是意象，出局反观的眼睛比喻成家庭治疗师，慈母、赤子之心等，都得益于意象。在顾问团服务过程中诞生了不少精彩的意象，如表现服务模式的玻璃房，自助澡堂等。在语言拆解的过程中，使用意象，能快速达成共识，促进沟通，并常有令人豁然开朗的美感和安定感。在顾问服务的第三天，出现了一个关于垃圾的意象。将顾问分析当作垃圾。

C：这王老师对我要求高啊，要我从垃圾里找出有用的。（头一天C对顾问分析的评语）

王：实在受不了捡垃圾的刺鼻气味，可以忽视它。文字垃圾的一个好处就是，你不看它，它就没有味道。不像声音，就是塞着耳朵，也会往里钻。（扩展了垃圾的味觉性，动力沟通强调感受性。将一个干巴巴的语言概念从感觉通道加以扩展，使它更具冲击力，同时提供了更多的可能性，除了找出有用的，还可以忽视。）

关于A和C的母子关系，王文忠博士用了好几个不同的隐喻，如最开始是债主，朋友的孩子，后来是室友，再后来是养伤的人。每一个隐喻，都是对C身份的拆解，使A不至于始终固着在"乖宝贝"的自以为是的亲密母子上，从而导致不断强化对C的恶性刺激。在所有这些身份中，C最认可的似

CHAPTER SIX
寻找妈妈

乎是室友身份。但同时,对于其他隐喻也默认了,这些意象很好地帮助她稳定了情绪,并能克制自己的行为。

关于 A 和 B,这对夫妻,王老师还做了一个非常精妙的隐喻:

两个弱视的人,结婚了,在一起总是互相磕磕碰碰。后来,他们有了个儿子,照料的时候,由于看不清,也经常毛手毛脚,碰到儿子稚嫩的身体,很疼,结果儿子心怀怨恨。

夫妻两人为了避免磕碰,分开居住,但是心里还是思念着对方。长大的儿子跟妈妈住在一起,一生气,儿子就利用妈妈看不清楚的毛病,欺负妈妈,搞得弱视的母亲很苦恼。

后来母亲通过互联网,找到了一群土郎中。母亲想解决的问题是,如何不再莫名其妙地受儿子的暗算。

这群土郎中(动力沟通家庭顾问服务)告诉这位母亲,解决途径有三个:治好母亲的弱视;两个弱视的人,学会配合,搀扶着互相保护;让儿子改变心态,不再欺负妈妈,反而保护弱视的妈妈和爸爸。

治疗弱视,需要一个过程,于是土郎中们一边让这位妈妈做眼力保健操(美人技术),一边自我觉察提高内功(觉察自己的语言中的伤害性),同时叮嘱这位弱视的妈妈盯着儿子的大概轮廓,离儿子远点,没事别去招惹他。儿子年龄大了,在家里不需要你这个弱视母亲教训和照顾。保护好你自己就行,和平共处,练好内功,常做眼力保健操。

同时,土郎中为这位弱视母亲定下规矩:你要招惹儿子,就罚款;你要招惹儿子,把儿子惹毛了打你,还要几十倍罚款。但是这位弱视妈妈,还总是走近儿子,把长大的儿子当孩子,当小宝贝,去照顾乃至教训儿子,结果又把儿子惹毛了。

这个隐喻，得到了难得露面的爸爸的认可。爸爸虽然还不打算加入顾问群，但表示要求把每天的信息转发给他。

4. 技术上的简捷有效

虽然在整个顾问服务过程中，创造了很多带有武术乃至兵法套路的技术，如隔山打牛（骂不在场的爸爸，其实给在场的母子听）、杀鸡儆猴（骂顾问，但是给母子两个看）、四两拨千斤（顺应孩子的意愿，让孩子监控妈妈，给妈妈当心理导师、督导，并发一天1元的工资）、投石问路（发顾问日记，观察母子两个反应）、恶虎掏心（直面死亡，讨论死亡）等，这充分体现了动通的灵活性与精准性。

在这个动通顾问服务的客户家庭内，爸爸和妈妈似乎都爱讲正确的废话，而很少考虑对方和孩子的感受，貌似关心的语言背后，隐藏着控制乃至冰冷。为此，王老师还专为妈妈设计了"夜探虎穴"模式，建议妈妈在深夜去孩子卧室，坐在旁边的凳子上，静静地看着儿子。妈妈这么做了，并且报告说：看到了儿子蜷着身睡觉的样子，感到了儿子的孤独和弱小。

同时，还为未曾露面的爸爸专门设计了摔跤模式（身体沟通）。其实就是在觉察做得比较到位的时候，找机会突然抱住儿子不放，稳稳地平静地抱住儿子，通过身体的接近，换回家庭内部的亲近感。初次儿子并没有在身体上拒绝，但是事后，却在抱怨爸爸身体骚扰。这些技术，其实非常简单，但是越简单，越想不到。在这些简单的技术背后，其实潜藏着一颗充满感受性的心灵。

在武侠小说里，总会有那么一本武功秘籍，貌似学好之后一招制敌。就像华山派剑宗与气宗的分歧一样，在心理服务的过程中，也常有类似的争论，道与术哪个更重要。在动通人眼里，道与术是一体的。那个出局凝视与环视的自我咨询师是道的化身，然而当他躬身入局时，又是术的形象。在陪伴关照的基础上，这些简洁有效的技术常有出奇的效果。因此，ABC这个家庭中凝固、暴戾的氛围，似乎开始松动，内在越来越柔软。

总之，其实这个案例，越看越令人感动。创新也罢，技术也罢，不过是一些概念化的总结。每一个片段，每一个对话，都是心声的流动，冰雪融化的声音，越来越温软的触觉，言语能表达的，不及万一。

真诚 + 觉察 = 吉祥。

无论怎么做，不离觉察，不离真诚。真诚加觉察，让妈妈回家，真诚加觉察，每个人也可以成为自己的妈妈，成为自己的心理咨询师，成为自己的陪伴者、支持者、关照者！

安先生动通加油站

理解自己生存和发展的需要，爱护自己的身体，理解他人生存和发展的需要，爱护他人的身体，不侵犯他人已有的物质利益和社会身份（当然也保护自己已有的物质利益和社会身份），是动力沟通的前提。

恶人谷里的找妈妈之旅

安先生团队对前面这个案例,进行了"乾坤大挪移",借用喜闻乐见的经典武侠故事,用一个轻松诙谐的电视小品形式,对这个AC家庭顾问服务案例进行了重新呈现。

字幕:本故事并非虚构,如有雷同,也请勿对号入座。

(**画外音**)话说华山论剑之后,郭靖黄蓉镇守襄阳城,郭靖以降龙十八掌、九阴真经等神功盖世,屡退蒙古大军,郭家在武林中的声望如日东升,成为世人景仰的武林世家。郭靖军务繁忙长年住在军营,黄蓉常要处理丐帮事务也并不清闲。夫妇育有一女名唤郭芙,时年廿岁,被父母安排去桃花岛学武,度过了在桃花岛非常难熬的两年后,坚决要求转学白驼山,目前正在申请赴白驼山待批中。

第一回　一代侠妈竟遭亲女打骂　仗义傻姑力荐动力沟通

(**广角镜头**)长江、长城、黄山、黄河……

一连数日,我神州大地、大好河山皆为一片祥光瑞霭所笼罩,呈百年难遇之瑞相。据说,上一次天现瑞相乃是重阳真人创立全真圣教之时。只是,那一次天上的祥光只有五色,这次却是七色!七色!七色耶!莫非,一个更加伟大的门派初现江湖并大放异彩?!

CHAPTER SIX
寻找妈妈

巍巍襄阳城。正当百姓争相走上城头高处，品观瑞相之时，有一人却足不出户，愁眉不展，此人正是襄阳城第一夫人黄蓉。按说黄蓉足智多谋、意气风发、性格外向，平时哪里人多也爱往哪里凑。这次躲在家里却是为何？原因竟是，竟是……脸被人打肿了不敢出门！谁人敢打武林四大绝顶高手之一的郭靖的夫人？说来话长，此人连郭大侠也奈何不得，因为她就是自己的宝贝女儿郭芙。有这样的女儿，郭靖夫妇真是打落牙齿肚里咽啊！

某日，云游四海的长春真人丘处机路过郭府，丘真人是郭家的至交了，在此小住了几日，其时郭芙也在家。这天郭芙又和母亲起了性子，当着丘真人的面，竟然大骂黄蓉："老母狗，去死吧！"更甚的是，还抢了黄蓉的"打狗棒"对其一顿胖揍，这不，黄蓉的左眼又被打肿了。

这丘真人素来自视为名门正派，传承我中华民族之优良传统，百善孝为先哪，登时气得吹胡子瞪眼，大喝："孽障！孽障！不肖之子人人得而诛之！蓉儿，如果你下不了手，我代你结果了这逆子的狗命！"说完拔出七星剑砍向郭芙，幸亏黄蓉手快架住。黄蓉泪眼婆娑，一边求真人饶命，一边又求真人家丑不可外扬，丘处机这才收剑，愤愤不平地离开郭家。

又一日，黄蓉的好友傻姑也来到郭家。傻姑和郭芙愉快地玩耍，一连几日郭芙竟没对黄蓉发作过。黄蓉暗暗称奇，出于对好友的信任，将郭芙之事全盘托出。傻姑笑道："此事你找我这个傻子算是找对了。你如此武功都没有办法，一般人更没有办法了。我可以向您推荐个二般人的去处！"

据傻姑介绍，在一个遥远的地方，网络海的微信岛上，群山叠嶂茂密森林之中有个"恶人谷"，是江湖上新崛起的门派"动力沟通派"的总坛（说这话时天上的七色祥光又闪了一下），谷中有三十恶人，首恶人称安大仙，创立独门功夫"金刚美人术"。安大仙麾下的三十恶人，个个心狠手辣，非疯即傻，故此能以毒攻毒，善治各种贪嗔痴呆疯傻。傻姑说，"实不相瞒，傻姑我已然也在三十恶人之行列！"

听完傻姑的话，黄蓉倒吸了一口冷气，沉吟片刻道："这些年忙着家里和丐帮的俗事，没想到江湖上还出了新流派！傻姑，更没想到你也如此精进了，谢谢你的推荐。我定要先会会这位首恶安大仙！"

次日，傻姑带上黄蓉、郭芙启程前往那遥远的地方——恶人谷……

（**背景音乐**）逐草四方沙漠苍茫，那惧雪霜扑面，射雕引弓塞外奔驰，笑傲此生无厌倦……

第二回　一针穿心通经络　群恶献镜照初心

幽幽恶人谷。山门上镌刻着一副对联："美人技术润心地，金刚结构越时空。"

进得谷中，却见一池荷花，清香袭人；再穿过一片果实累累的橙树林，又逢一门，门联曰："荷气生财财运久，橙心待人人情长。"

入室见过安大仙，黄蓉一五一十将情况说了一遍。只见安大仙从袖中取出一枚长针。黄蓉以为要对女儿施治了。哪知，大仙弹指一挥间，一道银光直中黄蓉心腧穴！

"你，你搞错了吧，我没病！"黄蓉脸色陡然一变。

"没错，最先要治的就是你！难道你不觉得自己有病吗？"安大仙道："郭大侠深受传统教育，但缺乏灵活，太过要面子，还喜欢把他的那一套强加于人，这点连杨过都表示不服。黄蓉你虽然聪明，但这种聪明让你太理性，不注重感受。你的核心问题就是跟女儿的沟通中，总想用语言教育女儿，启发女儿。而女儿郭芙最烦的就是你的试图教育、启发她的语言。你要注意跟她说话时，要内观，反思自己、感受自己，别总是对女儿指指点点。"

银针拔出之时，黄蓉已觉全身经络畅通，心里松快了很多。

安大仙又道："动通门下三十恶人，每人手中皆有一面魔镜，他们会适时祭出魔镜让你和女儿观照，其中奥妙你们之后自能体会。然而切记切记，这些魔镜里的自己，镜花水月亦真亦幻，并非最真切的自己，只是提供给你们一个观照自己的镜像。期望日后你们也能炼成自己的魔镜！"

说罢，恶人甲已祭出第一面魔镜，黄蓉和郭芙就在镜前细细端详……

（画外音） 郭芙表面看比较强势，频繁打断母亲，冲母亲吼，给人娇生惯养的感觉，但实际母亲对其缺乏关注，因此郭芙安全感不足，对自己的认可度不高。表面对母亲的粗暴，实际是在内心深处有一个焦灼的声音在邀请母亲深入到她的精神世界内部。

黄蓉看似疼爱郭芙，会对女儿忍让关心，但就如浮在水面的油一样，和水是隔离的，总在自己的思想框框里打转，总想用自己的想法约束孩子、规劝孩子、设计孩子。

可以说，黄蓉对郭芙是啥样并不关注，甚至不知道，总是沉浸在她自己对女儿的梦想中。郭芙的内心世界被母亲忽视着，同时又被母亲的理想牵引着。被忽视的寒冷感受，被牵引着痛苦焦虑，使得郭芙不能全身心地投入玩耍或者做事，深深地陷入自卑和无助的泥潭中，很是恐惧、焦躁。

郭芙需要的不是妈妈强加的理想，武馆的同伴一个个都有自己的理想，郭芙也不例外。她需要的只是一个关注自己的母亲，一个让自己在武馆练习受到挫折之后能够得到休息和滋养的家！但是，这个小小的要求，都得不到满足。黄蓉不能给郭芙需要的静心的关照和支持，结果使得郭芙悬浮在空中，

妈妈在 家就在
pretty mum & sweet home

落不了地。

恶人乙祭出第二面魔镜。

（画外音）郭芙全身心都充满了对母亲的愤怒和怨恨。她让我感到害怕，好像是一个汽油桶，随时都会因一个小小的烟头而点燃。不知道她们母女俩是怎么互动的，竟然让孩子积蓄了那么多的愤怒，但可以肯定的是，不良的互动模式。似乎没有看到郭芙父亲的出现。

郭芙父亲的作用没有正常发挥，他们家的亲子三角关系肯定是倾斜的。至少不会是等三角。也或许正是父亲的缺位导致了郭芙爱的缺少，向父亲寻求不得，又很渴望父爱，在潜意识里有被父亲抛弃的屈辱和愤怒，但这些屈辱和愤怒又无法向父亲表达，或者她自己都没有意识到，但是这些负性的情绪堆积在心底，她只有向母亲发泄。母亲是她身边唯一的亲人，因为只有向母亲发泄才是最安全的。她知道母亲永远都不会抛弃她不会离开她。她对母亲的不满中可能也包含了责怪母亲没有留住父亲，让她享受不到父爱。但这些也是她潜意识里的，她也无法明白地表达出来。

父爱缺失的孩子，心里总像是缺了一块，怎么补都很难找到吻合的补丁，即便补上了也是有痕迹的。心里对郭芙产生了无比的怜惜。感觉她像一个刺猬，对母亲是抓狂的攻击，但她体验到更多的可能是无助无力，通过攻击让自己获得一种力量感和控制感。

三十面魔镜一一呈现，黄蓉郭芙母女按照恶人谷"动力沟通"的心法反观内心，陷入了沉思或者说反思之中，似有所悟……

寻找妈妈

（**背景音乐**）依稀往梦似曾见，心内波澜现，抛开世事断仇怨，相伴到天边……

第三回　大仙秘授胎动沟通法　母女金刚魔镜初有成

一日，安大仙找来黄蓉，悄声道："我见你心诚，进步颇大，今再传你'金刚美人术'之变式——'胎动沟通大法'，此法是特意为你们量身而定的。但有一点，作为母亲的你，须先确认自己学会了自我监控，自我观察！平时不再干涉和控制女儿才能用！还有，我教你此法之事亦不可让郭芙知晓。"

黄蓉附耳过去，安大仙凑近叽哩呱啦说了一通。黄蓉伸开玉指笑道："高，实在是高！"

（**背景音乐**）问世间，是否此山最高？或者，另有高处比天高。在世间，自有山比此山更高，但爱心找不到比你好……

又一日，家中仅有黄蓉和郭芙两人。黄蓉觉得是个好时机了。冷不丁地，忽然上去就狠狠地抱住郭芙，紧紧地抱住，不管她怎么喊，怎么挣扎，怎么踢打，就是稳稳狠狠地抱住不松手！后来干脆就势扑倒在客厅，抱着她就地打滚！郭芙试图挣开，但因身体贴得紧密，根本挣不开。只好嘴嘟囔着："黄蓉，你再抱我，我就揍你！"

黄蓉细细地体会，感觉被紧紧抱住、紧紧贴住的郭芙，就像她肚子里的胎儿一样，她的挣扎，就像在肚里胎动一样，感觉自己就像一个孕妇，带着慈祥去包容她、感受她！耳边响起安大仙的话："你总说她是你身上掉下的一块肉，这时不用说，要做出来！这时的她，真是你身上一块肉，而且没有掉下来！"

不知道过了多久，郭芙看到黄蓉的脸，忽然感觉很尴尬，然而内心又有温暖的期待，虽然嘴上还在嘟囔，但是，表情和身体，已经很放松了！

一个新的女儿，新的郭芙，正在黄蓉体内做着出生前的胎动！

（背景音乐） 论武功，俗世中不知哪个高？或者，绝招同途异路。但我知，论爱心找不到更好。待我心，世间始终你好；待我心，世间始终你最好……

（字幕） 一个多月后

这日，黄蓉母女十分兴奋地找到恶人们，各自取出一面小圆镜，欣然道："看，我们已经炼出魔镜了，这是我们自己的魔镜，虽然它还很小，镜相还比较模糊，但是我们非常高兴，我们感觉到自己的觉察反观内力已经有很大的增进了。谢谢，谢谢你们！"

黄蓉展示了她的魔镜。

（画外音） 在这里我们借着安大仙和各位恶人的引导，打开心扉畅所欲言。有各位的陪伴警示纠错纠偏，我和女儿的交流越来越顺畅了，跟她一起20年，但我似乎今天才认识她，一个全新的陌生的却又是真实的血肉丰满的孩子，竟然那么有思想，有智慧，视角非常独特。发现这一点，我感到很惭愧。

郭芙展示了她的魔镜。

（画外音） 这么多年来，虽然父母一直很爱我，但他们的爱都是冰冷严

CHAPTER SIX
寻找妈妈

厉的，只关注我的武功、武功，不会关注我的心理感受，只想让我按照他们的要求做一个符合他们期望的名满江湖的人，却没想到我真实的需要。在动力沟通中，我有机会了解母亲的内心世界，没想到一向强悍的母亲居然也有脆弱和无助的一面，她在江湖上也有那么多无奈。而众多恶人的智慧陪伴也促使我开始反思自己，开始学习换位思考，试图站在父母的角度去体察他们的言行背后的原因。

……

送走黄蓉母女，安大仙感慨万千，于恶人谷中举宴欢庆。

安大仙道："此案成功关键因素在于我等没有被武功套路圈住，反而重视感受对方、觉察对方，同时用怪异的套路，给对方呈现出来。这样，武功大师黄蓉才能看到套路之外的新内涵，并且学会超越套路，成为一个不靠谱的妈妈；当作为妈妈的黄蓉不再用现成的谱子要求女儿郭芙，反而跟女儿一样不靠谱的去感受后，两个人心理世界的僵硬边界才被打破了，母女之心融合到了一起，家庭就恢复了活力。"

众恶人振臂高呼："让感受做主！打倒语言霸权，让思想做秘书！女人安，天下安！妈妈在，家就在！真诚加觉察，就是好妈妈。"

这时，忽然音乐声响起，安大仙领衔主唱，众恶人合唱：你挑着担，我牵着马，迎来日出送走晚霞。山叠嶂水纵横，顶风逆水雄心在，不负人民养育情。战友啊战友，亲爱的弟兄，待到春风传佳讯，我们再相逢……

这唱的啥？串频道了吧？

（全剧终）

安先生动通加油站

自己是一切的基础,所以作为一个成熟的、有责任感的人,我们要认识自己、提高自己、把握自己。然而,我们自己的大部分问题都是和别人有关的,所以我们要认识自己、提高自己、把握自己,就必须要认识别人,与别人沟通、协调、交朋友。

哑巴大战棉花球

动通顾问家庭服务的几百个案例,其实有一个共同的主题:怎么让家长(其中主要是妈妈)放下语言屠刀,感受自己、感受孩子,从而做到知人者智自知者明,成为一个明智的妈妈。针对这个主题,安先生工作室也采用玄幻小说体,做了一个阐释。

那天他呱呱坠地,一个新生命开放出鲜艳的花朵。这个小精灵是妈妈的宝贝,从小受百般呵护,生怕冻着饿着,冻了妈妈就把他裹在怀里,饿了就喂他奶吃。

春天里,妈妈背着他四处走走,到隔壁邻居拉拉家常;夏天里,让他躲在树荫里,陪着妈妈;秋天里,背着他去踩落叶;冬天里,妈妈抱着他烤火炉。这样,慢慢长大,他会走路了,会跑了,也开始慢慢独立了,这时的他不希望任何事情都由妈妈来监督,然后他会开始私藏一些小东西,以为这是自己的秘密,如果妈妈发现了他的秘密,他会感到很尴尬,下次会把喜欢的

寻找妈妈

东西放到更远的地方，甚至深埋地下。

在慢慢长大的过程中，他发现，自己接触的所谓新的东西，其实都是妈妈先做一遍，他只是在无意识按照父母的示范在做重复，他所知道的东西都是父母教给他们的，孩子开始慢慢顺从这么做事的习惯，也顺从了妈妈的安排，以至于开始依赖妈妈，于是乎，每当遇到困难和痛苦都会大声哭叫着妈妈，妈妈。

他上初中了，要到学校住集体宿舍，要离开妈妈了。内心有些紧张，但是他外表无丝毫惧色。学校里，一个小大人的生活，就像愤怒的小鸟，外人看着永远是那么欢快，但是内心的苦只有自己知道。

上高中了。妈妈觉得孩子长大了，妈妈看着别人家的孩子小鸟依人，能说会道，学习成绩也好，但是自己家的孩子比较闷，学习成绩也不如意。于是乎，妈妈开始唠叨，觉得他给妈妈丢面子。他心里产生了反抗，从此他就成了一个哑巴，从不说一个字。

这个哑巴孩子就像在一个充满棉花的大球里面挣扎，想发力但是又有种无力感，拼命地伸出拳头，打在棉花上，又没有什么力道。在这个棉花球里，他甚至没有了呼吸的空间，总是用尽全力地把棉花推开，但是这整个球中充满了棉花，为了生存，他已经没有了打出拳头的力气，只有无力地把棉花推开，寻找生存的氧气，但是能量消耗殆尽。

在这个棉花球里，他四肢无力，慢慢地蜷缩在一起，艰难地呼吸着，放弃了挣扎。

高中毕业了，父母交钱，让他到外地上了一个普通大学。放暑假的时候，他带着他心里的棉花球开始了他的梦幻之旅。

不知转了多少次车，不知吃了多少餐馆里别人剩下残羹冷炙，睡了多少

妈妈在 家就在
pretty mum & sweet home

次公园里的长凳,但是,他心情愉悦,无时无刻不在哼着小曲,不想让自己安静下来。因为,一旦静下来,他又会被扔进装有棉花的球里面,又开始了无尽的挣扎。

那天,他坐在一个景色宜人的草坪上,在心里的棉花球里挣扎着,挣扎着,睡着了……

此时的他一个人恍恍惚惚的继续前行,突然前面一片光亮,他看见有位带着宝剑的侠客坐在石头上。侠客看着他,他看着侠客。忽然间,侠客幽幽地问:年轻人,有何心事?

成了哑巴多年的他,突然张口说话了,然后详详细细地把他所经历的所有事情都一一述说出来了,说了三天三夜,最后说道,我现在只要一静下来,就会有一个装有棉花的球把我套在里面,我无力挣扎,没有任何抵抗力。

侠客把自己的剑给了他,嘱咐他说,盯着这个球里面每一根棉花丝,用剑把它们一根根地斩断,然后让它随风飘散。说完,侠客走了。

此时的哑巴变成了孤独的剑客,盯着棉花丝挥舞着宝剑,不停地砍杀,汗流浃背,一根根的棉纱被砍断,被吹走,空间越来越大,外面也有冷风开始渗透进来,哑巴忽然着凉了,他虚弱地躺下来,有点后悔,觉得藏在棉花球里挺好的。这时,棉花球又慢慢合拢了,他眼看着自己又要窒息了。不甘心死亡的他,又鼓足勇气,开始砍杀!

他越战越勇,每次砍破一根棉丝,都又有新的棉丝裹上来,他时不时停下来,抓把棉絮,擦拭剑锋,接着砍杀!他越战越勇,棉球越来越稀薄,他终于看到天上的星星了!但是,他不能停止,因为一停止,棉絮就会围拢过来!

他在战斗,在不停地战斗,为了再也不用蜷缩在球的里面。此时,棉花

CHAPTER SIX
寻找妈妈

球害怕了,他看着这个哑巴奋勇砍杀,没有丝毫懈怠之意,越战越勇,棉花球开始诅咒那个侠客,你为何把剑给他,你可害惨了我。

忽然间侠客出现了,幽幽地说:我若不给他这把剑,你早就一命呜呼了,哑巴可是你的心脏,他不在你还能在否?他的强大,将会让你更强大!

说完,侠客消失了。

棉花球开始陷入沉思,原来这个哑巴,是自己的心!

棉花球想明白后,开始付出实际行动了,球开始自己将自己撑大,越撑越大,也越来越稀薄,由于球内体积不断增大的原因,勇士的剑的威力不断削弱,最后都砍不到球了。

此时的勇士,开始坐在脚下的棉花团上休息了,抬头看着星星向他眨眼,看着摇曳的树木向他招手,慢慢地他又睡着了。此时,棉花球又把哑巴围拢着,保护他,不让他受凉。当哑巴张开眼睛,棉花球又马上扩大了,变成了一个自由的空间!现在,他有足够的氧气供他呼吸,头顶的棉花变成了花朵、云彩,身边有房子,有地,有小溪……终于,棉花球和勇士形成了互利共生的关系。

梦醒后,哑巴买了回家的票,一趟旅行到家后叫了一声妈,妈妈也早就为他准备好了丰富的晚餐,他也饿了,妈妈静静地看着他吃饭……

各位看官,您看明白了吗?没有明白,那就对了。所谓的明白,就是思想,就是那个棉花球!所谓的哑巴勇士,就是要超越思想壁垒接触现实世界的心灵!而侠客送的宝剑,正是出局觉察、突出概念框架、解放思想的慧眼!

动力沟通顾问服务,就是陪伴着一个个家庭,真诚地感受自己,感受孩子，感受现实世界，从而激发每个人的生命活力，走好自己的人生路。

> **安先生动通加油站**
>
> 感觉，是无法用言语准确描述的。被描述的感觉，就像是"被风干的标本"。属于人类共同体的语言，永远不能充分地描述个人此时此刻的感觉，永远是对人的感觉的限制和约束。美人技术，让语言失去评判功能，并慢慢让语言停下来，这样，我们的心会越来越平静和丰富！

CHAPTER SEVEN
做自己的妈妈

圆规为什么能画圆？因为脚在走，心不变，同时还因为拿着圆规的人在上面用心看着。

圆心上方的觉察之眼，就是我们说的妈妈。它不仅仅只是女性身份的妈妈，而是每个人原本具有的跳出自我、超越自我又返身关照自我的慈悲智慧。正像网络上看到的一首小诗描绘的：

白天的活儿干完啦

我的脸藏进你的臂弯

妈妈

让我做梦吧！

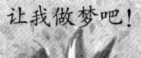

认识自己

《题西林壁》
苏轼

横看成岭侧成峰，远近高低各不同。
不识庐山真面目，只缘身在此山中。

认识你自己，这个亘古常新的哲学命题，在漫长的人类思想史中有无数篇章进行过非常激烈的讨论和精彩的论述。动力沟通理论这样描述人：人类带着理性的尊严，高高地坐在自然界的宝座上，同时也坐在自己的屁股上，在每个人的体内，还都有着热烘烘臭烘烘的大便。

这段口味非常重的话，揭示了人所具有的三个要素：理性（思想概念）、身体、感性（感觉），而这正分别代表了人的三种状态：植物人、动物人、成人！纯粹的身体（没有感觉和思想），其实就是植物人！身体加上感觉（没有思想），其实就是动物，或者是没有掌握语言的婴儿。身体加感觉加思想（语言、概念），就是完整的成年人。

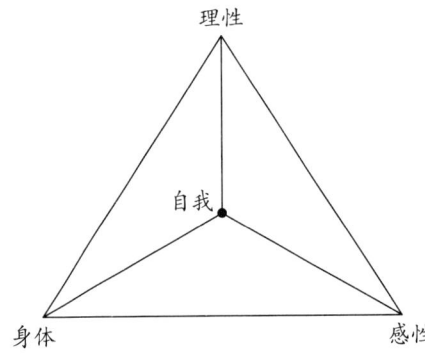

动力沟通理论，根据这三个要素，画出了人的平面图形：身体、感性、理性，以及具有中间的自我。

请您认真地看看这个图形。盯着居于身体、感觉和理性中间的自我，就会发现它正在上下颠簸，一会儿好像凸出纸面之外，一会儿又凹进纸面之内，可以发现，跟其他点比起来，自我是一个最不稳定的点，折腾着身体、感觉和思想。

这种状况，中国唐朝诗人白居易在《行路难》一诗中进行了描述：

太行之路能摧车，若比人心是坦途。
巫峡之水能覆舟，若比人心是安流。
……
行路难，行路难，不在水不在山，只在人情反复间。

正是在人心（自我）的上下折腾中，可能把身体折腾坏了，出现心脏病、高血压、胃溃疡、神经性皮炎等；也可能把感觉折腾坏了，出现眼花、耳鸣、感觉麻木；也可能把理性折腾坏了，出现逻辑性丧失，思维飘逸，精神分裂等等。

要想认识自我的真面目，只有跳出自我来看自我！出局反审的目光，成为认识自己的必须！因此，动力沟通理论，提出自我金刚结构的理念，即身体、感性、理性、反审认知和居于中心的自我一起，构成的一个同极键四面的立体结构（即金刚石的分子结构），才组成完整的稳定的自我结构。

CHAPTER SEVEN
做自己的妈妈

人要认识自己，不仅要关注理性（思想概念等符号机能），还要关注基本的感觉（非符号机能）和作为物质基础的身体，把它们视作一个整体，同时要时刻注意用一种反审的观点看待自我，从而更好地认识、接纳、整合自我，与自我和谐共存，从而自己成为了自己的心理咨询师（见下图）。

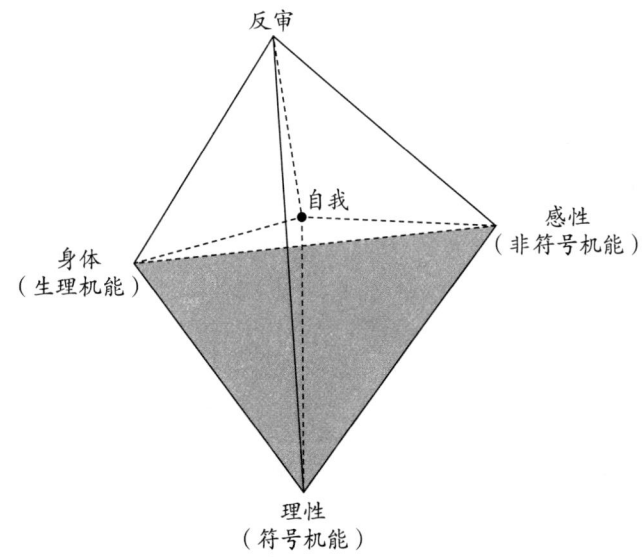

人的自我感，带着自己的身体、感性和理性，在苦难的大海中前行，一边消耗资源、接受他人的服务、保障自己的生存，一边创造价值、服务他人、创造自己生命的意义。这是属于"躬身入局"和"深深海底行"的部分。

同时，人的自我感，还在反审认知（觉照、慧眼）的指导下，居高临下地审视自己，审视自己的环境，审视自己与环境中的人、物、事的相互作用，从而做到"高高山顶立"、"跳出三界外，不在五行中"、"做个清醒明白的局外人"。

人有各种各样丰富的感受，但是人类的词汇却是有限的，因此人类的思想也是有限的，在人的心理世界，能够被意识到、能够被思考、能够被表达的，仅仅是广袤的冰山的一角。

人类，因为有了词汇、概念等符号系统，可以把自己的感觉固化下来，在人与人之间进行传递，在代与代之间传递，因此人类可以借鉴前人、他人的经验、知识和技能，获得了比其他动物更大的优势，但是，人类也因为思想、概念，而限制了自己对当下丰富的感受，从而画地为牢，甚至被自己的思想一叶障目不见泰山！

人出生时其实是感性的，那时我们想哭想闹甚至大小便都是自由的，自己没有明确的对错判断要求，随着一天天长大，我们学到了词汇、学到了概念，学到了"规则"、"道理"，有些事情想做就不能做了，甚至有些事情连想也不敢想了。

《道德经》说，"道可道，非常道"，《佛说四十二章经》说，"不可说，不可说，一说即是错"，歌德说，"所有的理论都是灰色的，唯有生命之树常青"，如果人类没有思想，那么人将不成其为人，但是，如果人完全被思想控制，那么将丧失鲜活的生命体验，失去对当下的接触和把握！

现在的人为什么充满了挣扎和痛苦？其中一个重要原因就是人们想得太多，就是太"理性"。"我要车、我要房、我要当处长、我要吃满汉全席、我要时时处处都有鲜花和掌声"，各种想法反而给人心灵增加了波澜和痛苦。

有一句俗话：没有金刚钻别揽瓷器活儿。只有打造自我金刚石结构，时时刻刻觉察自己的身体、感觉和思想时，人才能不被各种人云亦云的想法所控制，才能够清清醒醒地做人，踏踏实实地做人，既能够躬身入局，又能够做一个局外人，做一个踏踏实实的躬身入局者，又能做一个清醒的局外人、反思者。

CHAPTER SEVEN
做自己的妈妈

动力沟通理论还用一个"家庭"的意象来描述这个自我金刚结构。人的自我就是一个家庭,身体就相当于父亲,沉默寡言、自强不息;感性就相当于母亲,多愁善感、厚德载物。人的理性就相当于家里面三到十二三岁的孩子,人云亦云,并且爱喧嚣着给别人提建议,充满了幻想和很多不可能实现的愿望。

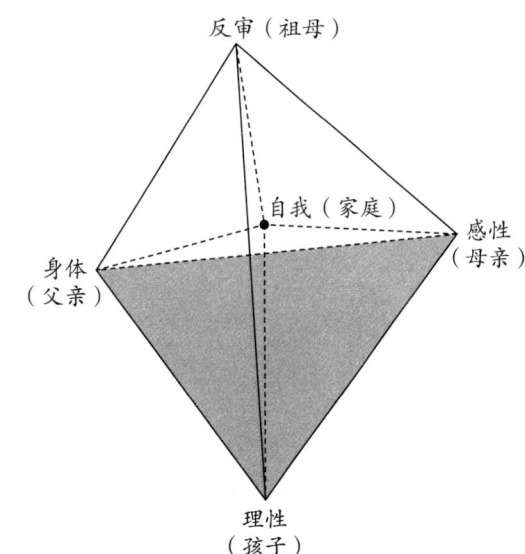

我的感受(家里的母亲)怎么样?我的身体(家里的父亲)到底需要什么?我在想(家里的孩子在捉摸)什么?金刚人经常要反观这些问题,而这个反观就相当于家庭的慈爱的祖母(或外婆)。她默默陪伴着这个家,无语关照着这个家,但她又不干涉家里面成员的决定,总是带着微笑在慈祥地看着,给家人带来清明、宁静和温馨。

只要能时时处处都想到自己是一个家,身体—父亲,感性—母亲,理性—儿童,反审—祖母,每个人都是三代同堂的同极键四面体的一部分,共同构成金刚石结构,这时人才能无往而不利。

一个缺乏感受、让思想行使了霸权的人,就相当于被一个 3-12 岁的孩子当了家的小霸王家庭,肯定充满了混乱!

一个缺乏反审的人,就相当于壮年父母在外边忙碌时,一个空寂的落寞的家,一个空荡荡的没有生命的房子!

一个完整的金刚人，就是勤劳的父亲、温柔的母亲（身体、感觉）在忙碌，敏捷的思想（孩子）在后面观察、提建议、做记录，慈祥的祖母在家里看守、坐镇的温馨家庭！

发展心理学上讲，每个成熟的人，都是雌雄合体的双重人格，动力沟通理论则更进一步，每个成熟的人，都是奶奶、父亲、母亲、孩子等祖孙三代共聚一堂的金刚家庭！所以，动力沟通强调，每个成熟的人，背后都有一个慈祥的母亲的眼光在陪伴着照耀着！

孟子说，"大人者，不失赤子之心者也"，但是孟子没有说伟大人物是怎么保持这种赤子之心状态的。动力沟通理论替孟子做出了具体明确的回答：当我们时时刻刻有慈爱母亲陪伴着、观照着，我们就恢复了赤子之心！换句话就是：成熟的人，必须做自己的妈妈，时刻带着妈妈的慈祥的眼神，关照着自己的人生历程！

> ### 安先生动通加油站
>
> 感性与理性，好比阴阳鱼太极图，感性无比丰富，理性无比强大。感性，是丰富的，是与现实世界具有丰富联系的！理性，都是别人培养的，是可以引导和塑造的！理性在表达着感性的同时，也在阉割和限制着感性。

好妈妈的九种力量

一个慈祥的善良且智慧的妈妈，肯定是一个能够系统地关照自己的身体、感觉、思想,同时细心地关照家人的身体、感觉和思想的人,是个具有金刚结构的人!动力沟通理论认为,这样的好妈妈应该具有如下九种心理能力,这九种能力分为自己、事情和他人三个层面(1-3属于自己,4-6属于事情,7-9属于人际)。

1. 感知力:敏锐地捕捉自己、他人、现场的各种信息,快速地完善自己头脑中的认知地图,让自己对现场的地图逐渐丰满起来。

2. 资源力:我具有什么样的资源?我在干的事情,要消耗什么样的资源?从自己的身体生存说,自己呼吸的空气,和自己站的位子(椅子、空间)等,以及自己要消耗的体力,往外在说,金钱、人情、面子等等,都是自己的已有的资源和要消耗的资源。

3. 反审力:觉察自己在现场互动的状态,觉察自己头脑中的认知地图、思维模式在现场中适应程度。当发现自己陷入固定的行为习惯和思维模式并造成情绪的消极变化时,要及时跳出来,改变思维模式,改良行为习惯。

4. 目标感:人的行为都是受目标指引的,丧失目标的人,就是一个在空中嗞嗞作响但是丧失了卫星定位的胡飞乱撞导弹,最后自我毁灭。

5. 计划力:有了目标,就必须有根据目标和目前的状态达到目标的路径,这就是计划力的体现。没有实现路径的目标,就是痴人说梦,只能增加自我挫折感。

6. 执行力:有了目标和路径,行动的路上必然充满挫折和艰辛,同时也必然有意外和冲突,同时,在执行的过程中,也会发现新的更合理的路径,甚至会对目标进行部分修正。艰难地走,辛苦地做,并根据新的信息,采取在尊重过去的基础上,采取更好的方案,这就是执行力的体现。

7. 影响力：社会中的人，不可能单独干成任何一件有价值的事情，甚至呼吸，都是别人配合的结果（至少是由于军人的保护，没有敌对国家在我们呼吸的地方释放毒气）。要干成一件有意义有价值的事情，我们需要与他人沟通，影响他人，跟他人建立良好关系，获得他人的配合并配合他人，这都是影响力的作用。

8. 包容力：每人都有自己的背景、局限和视角，人与人之间必然有差异、矛盾和冲突。人与人之间的合作，必然有不顺利、不如意的地方，包容、接纳，是非常重要的。只有在包容接纳的前提下，影响力才可能发挥，才能有新的融合和创造。

9. 应变力：应变力其实是自己、他人、事情与现场结合的能力，是前8种能力的综合体现。但是，由于人最宝贵，如果我们缺乏应变力，伤害了他人，往往很难挽回，所以，我们把它放在人际层面。

其实，放在第三位的反审力，也是自己、他人、事情与现场的结合，但是在自己一个人的时候也需要审视，所以把它放在了第一梯队。

具体到妈妈这个角色，这九种力量的表现形式可能是：

感知力：感受自己、感受孩子、感受爱人、感受家人，与家人同呼吸共命运，而不是同床异梦，或者各说各的，鸡对鸭讲，结果让孩子逆反、家人失和。

资源力：自己作为一个母亲，要想让孩子健康成长，有哪些可以掌握的资源？有哪些可以争取的资源？哪些资源根本想都不用想？对此要做到心中有数。

反审力：随时觉察自己的思维模式、认知地图是否符合现场实际？自己跟孩子、跟家人的互动，是否是自己一厢情愿？好妈妈要时刻能够跳出局看看自己。

目标力：你对孩子的期望是什么？孩子要怎么样你才满意？对这个问题，好妈妈会心中有数。动力沟通强调，妈妈这个身份就是相对孩子存在的，让孩子慢慢离开自己茁壮成长，妈妈自己慢慢老去、死去，可能是每个智慧善良妈妈的最高目标。

计划力：有了目标，就要有执行的路线图，智慧的妈妈会一方面学习儿童心理学知识、动力沟通知识，了解儿童发展规律，了解人与人互相影响的规律，然后结合自己家庭的实际条件，在心中产生一个大概的或明确的计划。

执行力：家庭是充满繁杂琐碎细节的地方，也是家人放松休息和得到滋养的地方，但这正是妈妈的能力得以施展的地方，如何在觉察每个人的基础上，悄悄地推动家庭向着健康的方向发展，是对每个母亲的考验。

影响力：正是因为家人之间的平等接纳关系，命令通常在家里面是行不通的，如何通过修养的提高和忠诚的奉献，润物细无声地让家人受到熏陶和影响，是每个妈妈智慧的体现。

包容力：家是每个人内心深处最安全最眷恋的港湾，家人不是因为智慧、不是因为知识、不是因为能力和地位，而被接纳，而是因为只要一结婚，一出生，自然就被接纳。包容，是母亲最核心的品质和能力。

应变力：正如我们在第三章引用的摇滚歌词"不是我不明白，这世界变化快"，带着觉察，带着资源，奔向目标的过程中，充满了新的机遇和可能性，充满了挫折和困难，可适应多变的现实，而不被自己头脑和社会舆论中固定的观念所约束，是好妈妈的自我金刚结构稳定性的标志。

安先生动通加油站

严格地说,语言的形式只是眼睛看得见的视觉信号(书面语言、肢体语言),或者耳蜗感受到的空气振动(口语),如果沟通中被对方的语言攻击了甚至发怒了,那是"我"的心在作怪。如果在谈话时,把自己融入现场,不想张扬自己,只想为现场的丰盈做贡献,就不会感受到攻击,而且会越来越有活力!

人的发展阶段与态势

每时每刻,每个人都处于不断的发展变化中,但是,发展变化也是有规律可循的。了解孩子和自己的发展变化规律,是一个好母亲必备的功课。动力沟通理论根据自我金刚结构不同维度的结合,把发展中的人分为15种态势,不同的态势通常会出自不同的年龄阶段,并且表现出一定的心理特征。具体地说,这15种态势为:

1. 感觉—行动
2. 我—感觉
3. 我—行动
4. 我—理想
5. 我—行动—感觉
6. 我—感觉—梦想
7. 我—行动—梦想

8. 反审—我—感觉

9. 反审—我—行动

10. 反审—我—梦想

11. 操劳人

12. 空想者

13. 追随者

14. 孤独人

15. 金刚人

1. "感觉—行动"态势

新生的婴儿,没有语言,没有自我,他完全根据本能和感觉行动,不需要,也不能够,进行头脑内的语言和符号加工。这时候,除了渴了,饿了,困了,需要排泄了,会感到不舒服,发出哭声外,对外界充满的天真的好奇,非常让人向往。

2. "我—感觉"态势

随着孩子的发展,两岁左右,自我感逐渐稳定的出现,孩子开始体验、感触这个世界,并在头脑进行加工,并产生属于自己的形象化的表达。因此,这个阶段,孩子会用各种游戏,来模拟自己对世界的感知,来加深自己对世界的感知。这时,儿童的自我感比较强烈,第一反抗期往往就出现在这个时期,不再像婴儿一样接受抚养者的摆布,开始有了自己的主意和想法,想象力丰富,爱自己探索,这一阶段,往往持续到6岁左右。

3. "我—行动"态势

随着孩子进入学龄阶段上了小学，他们开始被赋予了社会责任，即掌握人类文明积累的遗产，并在努力学习的过程中得到认可，也有心理学家把这个阶段形容为"勤奋—自卑"阶段，这个阶段，孩子要抛弃自己幼儿般的幻想，把自己变为工具，通过自己的辛勤劳动，取得成绩，得到世界（家长、老师等重要他人）的认可；在这个阶段，勤劳付出后取得优秀的成果并得到承认，变得非常重要。

4. 我—理想

随着孩子进入初高中阶段（12-18岁），进入发展心理学上所说的"形式运算阶段"，这时的青少年抽象逻辑思维得到充分的发展，他们开始重视理想，开始构思自己的世界，进入了一个"我—理想"态势，他们对世界、对未来，充满各种美好的理想，但是往往容易与现实世界产生冲突（如第二反抗期往往就出现在这个阶段），但是充满朝气。

以上这些阶段，为发展中的正常阶段，表现在金刚石结构中，就是统一表现为缺乏自我反审（因此他们需要成年人的监护，成年人就相当于孩子的心理咨询师、反审认知），并在不同的阶段，以发展不同的特质为主，如幼儿的想象，小学生的行动（被社会认可的行动），中学生的理想（符号系统的一种表现）。

以下这些态势（"金刚人"除外）已经进入成年期，由于缺乏金刚结构中的某些内容，往往表现出对现实世界的某种不适应性。

5. 我—行动—感觉

在一个成年人的世界，这种"我—行动—感觉"型的人，由于缺乏理性思维，缺乏对世界的规划或目标，往往给人"四肢发达，目光短浅，头脑简单"的感觉，甚至会被人视为"傻子"或"弱智"。

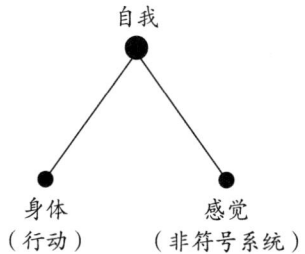

6. 我—感觉—梦想

这种类型的成年人，有自己的梦想（设想、理想），也有自己对外部世界的觉察，但是，行动力低下，缺乏跟外部世界的互动，缺乏对现实客观的检验及理解并融入的能力。自己的心灵世界主要靠自己的梦想去充满，生活在自己的世界里，容易让他人对其产生"自闭"的感觉和评价。

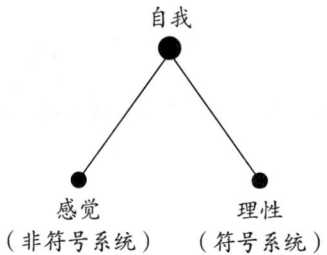

7. 我—行动—梦想

这种类型的成年人只根据自己的想法行动，缺乏对周围世界的感知，往往与现实世界格格不入,甚至给周围的人产生"精神分裂"的感觉。这些人由于缺乏对他人心理状态和需要的感受,人际关系往往会出现问题。

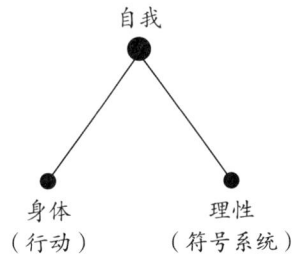

8. 反审—我—感觉

如果一个人具有了自我反审的能力,但是缺乏行动力和规划力,仅仅是感触这个世界,那么这样的人,会出现一种类似抑郁的状态,对日常活动丧失兴趣或无愉快感;思考能力或注意力减退;常常出现无原因的疲倦,软弱无力。

9. 反审—我—行动

一个人具有了自我反审的能力,但是缺乏感知力和规划力,仅仅是行动,这样的人,容易出现类似"躁狂症"的态势:表现为自我中心,自我放纵和不为他人着想;这样的人,知道自己有问题,有自知力,但缺乏控制,在冲动行为受阻或受到批评时,易与他人发生争吵和冲突。

10. 反审—我—梦想

一个人具有反审能力,对自己的状态有一定的觉察。同时,对于生活具有自己的规划和梦想,但是缺乏行动力和周围环境的感知力。这样的人,就会表现出类似"自恋"的样貌,会表现富于自我表演性、戏剧性、夸张性地表达情感;不断渴望受到赞赏,情感易受伤害;过分关心自身的感受以满足自己的需要。

11. 操劳人

社会上,正常人都关注自己的身体、感受和理性(符号概念系统)的平衡。如果缺乏反审认知,缺乏自己对自己的觉察,往往容易随波逐流,操劳一生。多虑而且容易被身体刺激或外部刺激吸引,容易被语言控制,故名为"操劳人"。

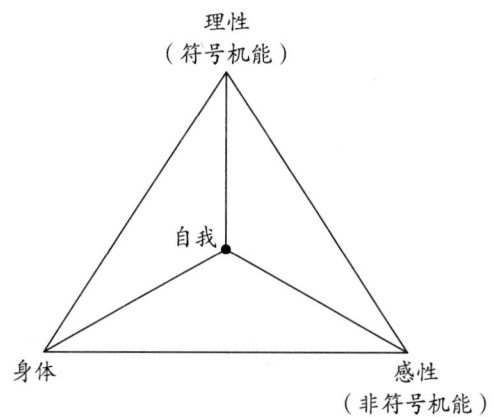

12. 空想者

如果一个人能够觉察自己,同时具有自己对世界的觉察,也有自己的理想或梦想,但缺乏行动力,缺乏克服困难完成目标的执行力,那么这样的人就被称为空想者。往往表现为:由于缺乏行动力和责任心,往往在社会上缺乏价值感,并且会成为家人和朋友的累赘。

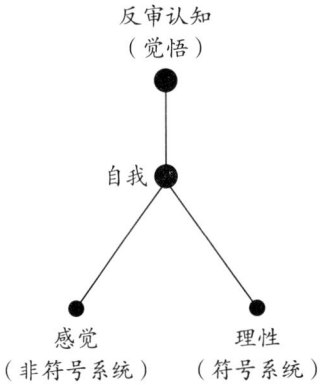

13. 追随者

如果一个人能够觉察自己,同时具有自己对世界的觉察,也能够踏实地行动,但是,自己缺乏对人生目标的长远计划,往往容易受他人影响,愿意服从权威或亲人的意志;这样的人,被称为追随者。他们容易受环境或领导的影响,会比较多地感到自己无助、无能;当与他人的亲密关系结束时,有被毁灭和无助的体验。

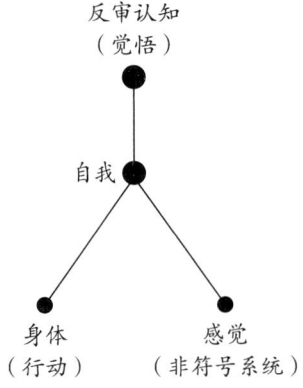

14. 孤独人

如果一个人能够觉察自己，同时能够对未来有自己的规划，并踏实行动，但是缺乏对于周围和环境的感受，对他人的感受性低下，不关心他人，则往往很难建立亲密的人际关系。这类人往往将精力投注于自己关注的事物中，成为一个独来独往的人，而且容易碰壁，所以被称为"孤独人"。

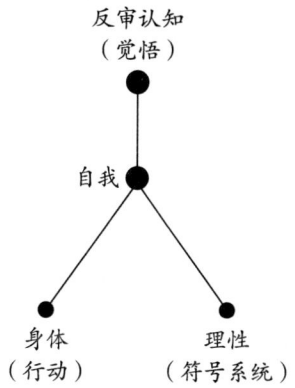

15. 金刚人

"金刚人"，具有稳定的自我感，平衡地联系着反审、身体、感受和理性，这样的人能够适应现实生活，自我实现，自我发展。

正如我们一再强调的，自我金刚结构顶端的反审认知，可以成为自我心理咨询师，也可以称为自己的妈妈，或者，家庭中慈爱的祖母，等等，它代表着一种清澈的关照的目光，温馨的稳定的陪伴，在这种目光的关照和陪伴下，身体、感觉、思想协同活动，人才能更好适应这个纷繁复杂、快速多变的世界。

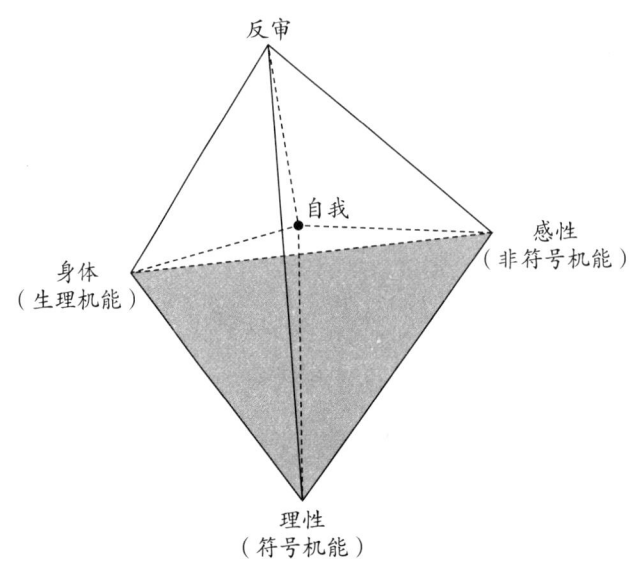

安先生动通加油站

为什么人生总会不断地出现痛苦折磨？这一切都是为了让我们去找到真正的快乐。有痛苦和焦虑，表明我们有着火热的生活态度和积极的追求，提醒我们要不断提高修养，培养内在的心理咨询师（自我金刚结构的顶点）。

好妈妈：咨询中的罗杰斯

一个好的心理咨询师，一个理想中的好妈妈，应该是什么样子？安先生认为人本主义心理咨询大师罗杰斯，可能就是这样的典范。罗杰斯首创的来访者中心疗法，以高度的敏锐和负责，细心地感受来访者的内心世界，并耐

CHAPTER SEVEN
做自己的妈妈

心陪伴来访者,不随便提建议而著称。

下面摘录的罗杰斯和一位单亲妈妈格洛利亚女士咨询过程,充分体现了安先生在前面章节中提到的好妈妈的特点:真诚+觉察。

罗杰斯首先说:"早上好!我很想知道,是什么让你感到忧虑。"来访者格洛利亚回答说,她一直很紧张(注:咨询师罗杰斯简称L,来访者格洛利亚简称G)。

L说,他听得出她的声音有些颤抖。G说自己最近刚刚离婚,并担心如果家里有男人,会不会对她9岁的女儿产生不良影响?她和女儿几乎无话不说,甚至谈到过性的问题。孩子问她,妈妈与父亲分手以后是否和别的男人上过床,妈妈告诉孩子没有。

G紧接着向L求救:我对她撒谎了,非常内疚,因为我从来不撒谎。我想让她相信我。我想从你这儿得到答案,我希望你能告诉我,如果我跟她说了真话,是不是会对她有不好的影响。

L并没有直接给出答案,而是描述了L的心情,说这位妈妈在担心自己与女儿之间的坦诚关系会出现危机。

G说,她最想知道的是,怎么做才更妥当,她觉得,撒谎一定会使她和女儿的关系紧张。

L仍然没有给出答案,继续回应说:"嗯。你觉得她会起疑心,或者,发现你们的关系有点不对头。"

G说,她主要是担心女儿不再相信她。她自己为自己的"阴暗面"感到羞耻。

L继续感受来访者,替G表述:是否在担心如果女儿真的了解你,她会不会接受你？她能不能接受你？

　　G接着说，她有了男人后自己感到非常内疚，因此，她会特别小心，不让孩子看到自己和男人上床。她说，无论告诉不告诉女儿，她都希望自己能够安心。但是，她觉得自己不能接受自己。

　　L继续设身处地地感受G：如果在某些方面你不能接受自己，即使告诉了女儿，又怎么可能会安心呢？

　　此时，G对L只是共情而没有提供建议表达了不满，她说L只是坐在那里看着她深陷在情感困惑中，她则希望是从咨询师那里得到更多的帮助。

　　此时，L坦诚地表达了自己的感受和想法：从我内心来说，我不想看着你深陷在情感困惑中。但从另一方面讲，我觉得这是你个人必须面对的问题，我不可能替你回答。但我会尽力帮助你，我相信你自己会找到解决问题的答案。

　　G说她希望能够认可自己，但她做那种事（同其他男人上床），又无法"认可"自己，她感到沮丧。

　　L回应说：听起来，你想的是一回事，而做出的好像是另一回事。你想认可你自己，但你所做的事又不允许你认可自己。

　　G接着说，在性生活问题上，如果是和相爱男人上床可能不会感到那么内疚；但有时和男人在一起只是满足生理需要，这让她感到自己是在犯罪，但是她控制不住自己的这种欲望，这又使她开始在心里抱怨孩子，抱怨孩子妨碍她做自己想做的事情。

　　L继续感受和共情：有时，你有那种欲望，所以你抱怨他们，就是说，为什么因为他们你就不能过正常的性生活呢？

　　G追问L是否要跟自己的孩子坦白自己的性关系，她觉得坦白可以让自己能摆脱内疚感，但是又担心让女儿痛苦。

CHAPTER SEVEN
做自己的妈妈

　　L 此时进行了真诚清晰的表达，提醒来访者来观察自己的心，告诉 G，她真正不能完全以诚相待的人正是她自己。L 反馈道：你刚才说，无论是和男人上床还是别的，如果我觉得我做得对，如果我真有这种感觉，我和女儿说话就不会有任何顾虑，也不会担心影响我们的关系。这句话给我印象很深。

　　G 继续追问：自己想努力认可自己，做自己真正想做的事情。但是，如果一冲动又顺从了性的欲望，这时怎么才能够接受自己呢？

　　面对这个艰难的问题，L 仍然不急于回答，而是继续澄清：你感到你在做错事，这时，你又希望，想让自己能更接受自己。是吗？

　　G 同意 L 的理解，随后继续追问 L，希望得到权威的答案。

　　L 继续回避给来访者答案，而是问 G，她希望他对她说什么？

　　G 说，她希望 L 给她一个权威答案，让她去冒这个险，向女儿坦白一切。她说，她希望女儿把她当成和蔼可亲的母亲，也接受她是个渴望男欢女爱的女人。

　　L 此时，继续把选择的权利交给来访者：嗯，听起来，你知道自己该怎么做。

　　G 说，如果得到权威专家的肯定，她才敢冒险对女儿坦白一切。

　　L 此时并不给她提供权威意见的保险绳，而是告诉来访者，L 本人的理解是，生活就是冒险。

　　在随后的讨论中，G 说，她需要确信自己所做的事情是对的，才能去冒这个险。

　　L 回应说，她确实是希望能够得到什么人的允许，并温和地质问她：靠自己做出选择真就这么困难吗？

　　G 继续回避自己做选择的责任，告诉 L，她觉得是他给了自己支持，允

妈妈在 家就在
pretty mum & sweet home

许她去做她想要做的事。

L进一步澄清：我确实支持人们去做他们想要做的事情。但是，这跟你的情况还是有一点不同。

G感到有些不解。

L解释道：假如一个人还没有真正做出选择，就开始做一件事，是不会有好结果的。这就是我为什么想帮助你，让你自己和你的内心做出抉择。

G说，对于这个问题，她真正的感觉是没有得到任何答案。她和前夫分手时，她知道自己的决定是正确的。那时，她没有感到有任何心理冲突，而是觉得是在按照自己真实的想法去做。

L继续帮助来访者澄清：她做那些自己认为正确的事情时，她对自己内心的想法了解得非常清楚。但是有时候即使做了决定，内心也会升起不确定的感觉。

G同意L的这种解释，说：虽然我总希望找到这种感觉，但实际很少能有这种感觉。

L说，他认为没有人总能处在自我感觉良好的状态。

在谈话快要结束时，G说，她与罗杰斯谈话时感觉一直非常好。她说，她想起了她的父亲。她描述了自己内心的感受，罗杰斯就像是一位替代父亲。

L表达自己的感受：我觉得我并不是在装着当你的父亲。

G说：可你并不真的是我父亲。

L此时变换角度，努力揣摩对方的语言：你觉得和我谈话很像是在和父亲聊天。

G反馈说，自己确实觉得自己是在"假装"和父亲聊天，罗杰斯并不真正了解她，因此，自己并不期望他对自己有亲近的感觉。

得到来访者明确的反馈后,罗杰斯又真诚透明地分享了自己的内心感觉:好吧,我所知道的就是我现在的感觉,那就是,此时此刻我觉得我们两人之间非常亲近。

此时,咨询录音结束。

作为这个案例的结束语,安先生半开玩笑地说,格洛利亚不同意罗杰斯是她的爸爸,可能是对的。按照动力沟通的理念,感受性是慈祥的妈妈的特征,"真诚加觉察,就是好妈妈",咨询中的罗杰斯就是这样一个好妈妈。

怎样成为这样一个好妈妈呢?动力沟通理论提供了美人系列五大技术(具体内容见附录),来帮助人们通过自己练习,打造自我金刚结构,从而成为自己的心理咨询师,成为自己的好妈妈,只有这样,妈妈才更容易成为真正家庭中孩子的好妈妈。

> ### 安先生动通加油站
>
> 怎么在沟通中保证对方的安全并建立信任感呢?觉察对方的状态,是一切的关键。根据对方的状态,适当呈现对方和自己的状态,让对方更加清楚地了解你和他自己是核心。而这种觉察和呈现的有效性,又是以自己出局审视的元认知的时刻工作为基础的。

金刚美人自和谐

动力沟通理论认为人的自我结构如金刚石结构一样是一个正四面体。每个人的"自我"都是一个"家庭"：父亲（身体）、母亲（感性）、孩子（理性）和祖母（反审认知）。这四者及其相互作用通过"自我感"被连接起来而成了一个立体的自我结构，底座上父亲、母亲和孩子，在祖母清澈温暖的注视下，让自我这个"家"充满了稳定感和生命力。

当然，自我金刚结构是个理想状态。我们大多数人或忽略身体，或屏蔽感性，或缺乏理性，或极少开启家庭治疗师的慧眼（对此，动通总结人的各样态势达15种之多，见前文）。如何达到这种理想的自我金刚结构状态呢？

动力沟通流派提供了简单实用的美人系列五大技术，美人技术、时空冥想技术、感恩冥想技术、情感冥想技术和呼吸技术，每个技术只需要10分钟的时间，就会收到非常明显的效果。

美人技术是五大技术的核心。它也借用呼吸作为通道。佛陀说，"呼吸是肉体生命最重要的事，而觉察是内在生命最重要的事。"觉察是动力沟通最核心的抓手。失去觉察时我们的心将成为欲望的奴隶，语言也会沦为伤人伤己的利器。人体的自主神经系统控制的非随意活动中，唯独呼吸是同时可以受意识控制的。所以呼吸最常被用作打开觉察的通道。仅仅只是观察呼吸就可以使人安静和放松下来，然而，美人技术不以放松为目的，而是始终保持意识的清醒。

美人技术具有非常清晰的整体结构，美人（BEAUTY）英文单词的6个字母，就代表了美人技术的六个不同的维度和步骤，每一个步骤都体现了很强的主体性。

第一步 B（BEING），经由呼吸体验存在感。

第二步 E（EXPERENCE），对体验本身进行体验，伴随身体的放松，打开自己的各种感觉通道和意识，觉察身体内外、头脑内外的一切。

第三步 A（ACT），是行动，这是完全自主的行动，从这一步开始，美人术与放松术或冥想在主体感和自主性上有了明显的分野。在 10 分钟美人术里，行动就是不动，保持这个不动，体验这个不动带来的感觉，思绪跑掉时再回到呼吸，如果非动不可，也接纳这个动，同时仍然保持觉察。

第四步 U（UNDERSTAND），理解，充分接纳当下的一切，接纳自己的感觉，自己的想法，自己的动作，以及自己对这些有所察觉之后的所有反应，都努力去理解，并接纳自己的不理解。

第五步 T（TARGET），目标，这个目标是自己定的，非常清晰，在 10 分钟美人术里，目标是没有目标，保持开放、自由的赤子之心状态。

第六步 Y（YES），肯定，以意念和行动同时对自己做肯定，搓搓手和脸，内心充满对自己的温柔肯定。

美人技术作为美人系列技术的母技术，没有任何概念的诱导，反而通过对各种感受和思绪的自由体验，帮助人们突破概念的限制。在美人技术基础上，其他四种技术，则加入了一些概念性引导和要求，从而帮助人们认识制约人们生活的一些基本概念框架：时间与空间；与社会大众的关系；与熟悉者的关系；与自我本身的关系。

每个人都活在自己的对话里。当关注呼吸保持觉察时，我们把时间、空间、社会大众、亲近小众、自我等重要概念厘清一遍时，自己的内心就会更加清澈宁静，从而让金刚结构的众神归位，不至于相互打架或到处乱窜或缺位。

康德认为时间和空间是人类理性的产物，所有现象都经过我们的知性加工才变得具有时间和空间两个属性。正像一个昏迷的人不知道时间与空间，一个心醉神迷的人，会忘记了时间和空间一样，时间和空间，是依托每个人的理性而存在的。时空冥想技术就是以康德的时空观为核心,在利用美人技术打开人们感官体验的基础上,从自身的存在出发,以自己所处的位置和时间为核心,展看前后、左右、上下、过去和未来的觉察和联想,体会时间之流和三位空间从自己这里拓展开去的感觉。最后,时空冥想技术还强调人的灵光一现,对自己的理性进行一下再思考,所有这些时空现象都存在于哪里?都在自己的脑海中!在这里,似乎又回到了陆九渊的感觉:我心即宇宙!

感恩冥想技术着眼点放在对于劳动及劳动者的尊重上。我们生命的延续,每一刻每一处都与劳动以及劳动者息息相关。我们身边随手可触及的任何物品,手机、水杯,甚至脚上穿的鞋子、或脚趾头本身,都可以成为感恩冥想技术的连接物。仍然借由呼吸通道保持觉察,观想手上拿到的任何一件物品,它的每一个细处,每一道工序,都与生产它们的劳动者相关,手机的外壳,屏幕怎样镶嵌上去,电池怎样从工厂的流水线上经过生产、组装、检测、检验等各个流程的手,每一个流程可能都有人加班加点,给他们提供饭食的人,提供衣服裁剪的人,他们的家人,给孩子提供教育的老师,看病的医生,在大街上、在祖国边境,保卫家人安全的公安警察和人民军队……和这些素不相识默默劳动的人们从心理上连接起来,连接不上也没关系,关注呼吸,再重新开始。

这是一个随时都可以进行的技术,即便是在吃饭,放慢速度,细嚼一颗米粒一片黄瓜,体会它的味道,它经历了哪些可能的工序,每一步上有哪些劳动者,保障这些劳动者吃喝拉撒睡的又是哪些劳动者……

感恩冥想技术包括两个小技术,10 分钟做正向冥想和 10 分钟做反向冥想,前者体验劳动带来的富足和幸福,后者体验一切劳动停止后的悲惨和恐怖!每次做感恩冥想技术,其实心里都充满感动。会由内心生出很多的感恩。

CHAPTER SEVEN
做自己的妈妈

观想结束时仍然用意念和行动来表达对自己的肯定和对劳动者的感恩。

时空冥想技术帮助我们拓展时空界限，让我们的心灵可以自由，而感恩冥想技术则帮我们对劳动者深深鞠躬，可以谦卑，懂得尊敬。这两者配合既可以避免不知天高地厚的狂妄，也不必卑躬屈膝的没有尊严。

动力沟通是与现实密切联系的，人，作为社会网络中的人，与现实发生深刻的作用，往往是从与自己身边的人链接着手的。

如何协调与身边的人的关系，情感冥想技术承担起了这个功能。仍然由呼吸开始，无论何时觉得走神了都可以再回到呼吸，然后反思与自己情感强烈之人。有了前面美人技术的功底，这时就会很容易拓展思路，此人与我情感强烈程度如何，如果是积极情感，这种情感影响了我的生活吗，我有什么反应，是什么原因，他为我做了什么样的努力？他克服了哪些困难？他在为我做这些事时，本来应该在做什么？我该怎样为他付出努力？我怎么知道他需要我这样的努力？我的这种努力会不会伤害到他什么？我怎么样做可以更妥帖？怎么样以德报德？

如果是消极情感，他对我的生活产生了影响吗？什么样的影响？原因是什么？他做什么事伤害了我？他是如何让我感觉被伤害的？他伤害我他得到了什么好处？他得到了什么坏处？如果换个人我会怎么样？仍然感觉被伤害吗？对方会怎么想？我要如何让被伤害的记忆不再影响我？如果再见到他，能否边关注呼吸边和他连接？我如何面对他？我想报复吗？如果报复会有什么积极影响和消极影响？如果是康德，会怎么做？如果是我熟悉的欣赏的某个人呢？他会怎么以直报怨？

整个过程由于思考很多，感情可能比较强烈，很容易把呼吸忘掉，发觉之后回到呼吸就行。完成之后仍然用意念和行动给自己温柔的肯定，搓搓手和脸，同时感谢他给一个机会让我自己成长。

最后一个呼吸技术，也是一个不同维度的字母组合，BREATHE，这是直接定位于训练反审认知（自我心理咨询师，或者家庭内慈祥的祖母）的技术。当我们提升了觉察的高度和宽广度以及谦卑的深度之外，顶端的那个家庭咨询师，24小时从不停止工作。关注呼吸（B）、重复关注呼吸（R）、放松（E）、浩然之气（A）、教学（T）、健康（H）和觉照（E），经由这几个步骤，重在培养浩然之气和带着觉照的陪伴，从而使自己的心理咨询师更能时时刻刻陪伴自己。

俗话说，"没有金刚钻，别揽瓷器活"，准备做妈妈的你，和已经做了妈妈的你，你的自我金刚结构稳定吗？你能成为自己的心理咨询师吗？你能成为自我这个家的慈祥的祖母吗？你的思想这个孩子是否已经成了小霸王了？你身体父亲和感受母亲，他们还安好吗？

安先生希望你时常关注这些问题，常练美人技术，打造自我金刚结构，从而为自己、为孩子构建一个温馨的家园！（美人系列五大技术的具体细节，请见本书的附录部分。）

安先生动通加油站

"不识庐山真面目，只缘身在此山中。"大部分人都是陷在自己的身体、感性和理性中间，没有跳出来，动力沟通强调让自己跳出来，做自己的咨询师，一方面"高高山顶立"，出局反观；另一方面"深深海底行"，踏实工作。

APPENDIX
美人系列五大技术

美人技术（BEAUTY）

1. 实操

1.1 准备

（1）准备一个手机、计时器或闹钟，放在手边。

（2）在你现在最方便的地方（办公室、卧室、客厅等），找一个最经常、最轻松的姿势（坐在椅子上、躺在床上、躺在沙发上或盘坐在坐垫上等），躺好或坐好（要准备10分钟一动不动）。

（3）把时间定为11分钟。

（4）在闹钟响起之前，身体、四肢、头部、嘴巴、脸颊、下巴都不要动。

（5）眼睛可睁开，也可微闭。实在感到喉头有下咽的愿望，可以在喉头做吞咽动作。

1.2 过程

B：存在。

均匀舒缓地呼吸，吸的时候数1，呼的时候数2，一直数到20（你也可以不数数，只是关注空气进出鼻孔的感觉）。

说明：第一，专注于体验呼吸时呼吸道（主要是鼻孔部位）的感觉，把呼吸当成自己的全部，好像除了呼吸，什么都没有了；第二，一旦走神，不要指责自己，不要后悔，感谢自己发现自己走神了，接着继续数呼吸；第三，如果感到没有安静下来，或者有继续数呼吸的愿望，可以在数 1-2 个 1-20 的循环；第四，身体、生命丧失了实在性，唯有缥缈的、持续的呼吸是注意的中心。这种心态与存在主义的生命观有一定的相似之处。

E：体验。在 B 部分，专注于体验呼吸时呼吸道的感觉，现在，什么出现在自己的脑海里，什么感觉出现在自己的身体上就体验什么。不要评价，一切围绕着呼吸，在保持对呼吸觉察的同时，静静地观察身体内、外出现的任何唤起自己的感觉的刺激。

A：行动。10 分钟美人术中的"行动"，就是"不动"，如果你睁着眼，除了自然眨眼之外，眼帘、眼球、眼部肌肉都不动。如果你实在要吞咽唾液，就缓缓地吞咽；除此之外什么都不做，这里的行动就是不行动，保持着自然的呼吸以及对自己呼吸的清醒的觉察。例如，电话、手机响了，一边觉察自己的呼吸，一边静静地听着铃声，不要接，同时关注着自己内心升起什么样的感觉；例如孩子或爱人到你身边（当然最好事先告诉他们，或者找一个相对安静的时间和地点），一边觉察自己的呼吸，一边睁着眼睛看着他们，不要动，同时关注着自己内心升起什么感觉。例如，脸上、腹部、后背、腿上可能忽然痒了起来，不要动，一边关注着呼吸，一边觉察着这痒的感觉。

U：理解。理解自己的任何想法和情感。被外部刺激吸引，走神了，原谅自己的走神，感谢自己，回过神来，继续觉察自己的呼吸；无聊了，原谅自己的无聊感，然后继续觉察自己的呼吸；责备自己了，感谢自己对责备的觉察，然后继续关注自己的呼吸。一切围绕着对呼吸的觉察，同时保持对体内和体外其他事情的敏感,一旦走神了,理解自己,马上回来,围绕对呼吸的注意,关注体内体外的一切。

T:目标。这里的目标,就是没有任何目标。或者说,除了保持对呼吸觉察,同时对体内、体外的一切刺激保持敏感,争取不在任何一秒中失去对于呼吸的觉察之外,没有任何目标。不要去想时间到了没有,不过,想了也没有关系,理解自己,然后继续回到对呼吸的觉察上,对身体内外刺激的觉察上。

Y:肯定。10分钟到了,铃声响起,慢慢地揉揉自己的手和脸,起身,给自己一个微笑,给自己一个温柔的肯定。

1.3 效果

每天10分钟"美人"练习,你将越来越美丽,越来越安详,越来越能觉察自己内部的欲望、需要、情感与冲突,也越来越能觉察周围他人的欲望、需要、情感与冲突,越来越成功地进行"动力沟通"。

2. 说明

美人技术的英文字母BEAUTY包含的6个字母,分别代表如下六种含义。

B:being,存在主义的人生态度。

E:experience,重视体验,鲜活的体验是一切智慧的基础。

A:act,行动是幸福的源泉。

U:understanding,理解,与他人心灵的共鸣是成长的阶梯。

T:target,目标是人的理智及社会性的综合体现。

Y:yes,肯定自己,肯定他人,自我和谐,社会和谐。

时空冥想技术

1. 空间是什么？时间是什么？

这是两个无比深邃的问题（"深"是空间维度），也是两个无比悠久绵长的问题（涉及时间）。好像世界的一切，都在时间和空间的维度中，如何描述或界定这两者，是个无法着手、无法说清楚的问题。

这两个艰深悠久的问题，被一个德国人，伊曼努尔·康德（Immanuel Kant，1724—1804）给解决了。

200多年前，在东普鲁士柯尼斯堡一条栽种着菩提树的小道上，每天午后三点半，总会准时走来一个不足五英尺的矮个子。他散步时闭口不言，只用鼻子呼吸，据说他认为在路上张开嘴不卫生；有人戏说他"心胸狭窄"，因为他胸部凹陷，胸腔狭小，但他却拥有广阔的精神天空；他就像精确的钟表一样守时，风雨无阻，市民们在满怀敬意与他打招呼时，总是趁机校正自己的钟表。

只有一次，邻居们没有准时看到他的出现，都为他担心，后来才知道当时他沉浸在卢梭的《爱弥尔》里，以至于忘了时间，忘了自己，不过，在数十年间，这是他唯一一次没有准时出现。这位理性得近乎刻板的人就是康德。

根据笔者的个人理解，康德关于时间和空间的相关观点如下：

（1）世界的本质是不可认识的，我们能够认识的，都是这个"世界"通过我们的感官和理性（知性）加工过的"现象"。

（2）时间和空间，是描述我们的感性和知性加工过的这个"现象"的，它们是我们的知性和感性赋予"世界"的一种形式。

（3）为什么这么说？因为世界的本质是深藏在表象之后，世界的表象又是我们感性和知性加工过的，所有的表象都具有"空间性"和"时间性"，那么，把这两个性质，归因于这个加工机器，应该是顺理成章的。

（4）就像各种颜色、各种形状的物体，从一个黑箱子里拿出来，都变成了"红"的，虽然我们不知道黑箱子里有什么，但是我们知道，这个黑箱子具有"红"的功能。

（5）所有的现象，经过人的感性和知性的加工，都具有空间和时间两个属性，因此，人的知性和感性，就具有"时间属性"和"空间属性"，时间和空间可能（只是可能，谁真的知道呢）跟外部世界没有关系，它们两个属于我们的感性与知性自己（是人类大脑运作之后的属性）。

现在，让我们用 10 分钟时间来做时空冥想技术。

2. "时空冥想技术"实操

2.1 准备（同"美人技术"）

（1）准备一个手机、计时器或闹钟，放在手边。

（2）在你现在最方便的地方（办公室、卧室、客厅等），找一个最经常最轻松的姿势（坐在椅子上、躺在床上、躺在沙发上、盘坐在坐垫上等），躺好或坐好（要准备 10 分钟一动不动）。

（3）把时间定为 11 分钟。

（4）在闹钟响起之前，身体、四肢、头部、嘴巴、脸颊、下巴都不要动。

（5）眼睛可睁开，也可微闭。实在感到喉头有下咽的愿望时可以在喉头做吞咽动作。

2.2 过程

（1）密切地关注自己的呼吸（可以不用数数），让自己呼吸自然而流畅，最好不要急促、带着"呼呼"的声响，也不要过于缓慢，让自己觉得压抑。

（2）一边关注呼吸，一边想：

第一，我在哪里？我在椅子上？我在床上？我在座垫上？我在家里？我在办公室？我在××县？我在××省？我在中国？我在这个星球上？我在这个星球的哪里？这个无线深远地沿着长宽高展开的三维世界在哪里？是不是在我的心里？

第二，我的过去是什么？我的未来是什么？昨天在哪里？前天在哪里？一个星期前在哪里？一个月前在哪里？一年前在哪里？五年前在哪里？十年前在哪里？上学在哪里？出生时在哪里？出生前在哪里？明天在哪里？后天在哪里？一个星期后在哪里？一个月后在哪里？一年后在哪里？五年后在哪里？十年后在哪里？二十年？三十年？死后在哪里？过去是不是在我的记忆里？未来是不是在我的想象（对记忆痕迹的加工）里？现在在哪里？现在是不是在我的体验里？

再强调一下，一定要一边想，一边关注自己的呼吸。就是跑了神，也要接受自己，感恩自己发现自己跑神了（如"美人技术"中的"理解"所强调的），然后继续思考空间或时间的问题……

10分钟到了，铃声响起，慢慢地揉揉自己的手和脸，起身，给自己一个微笑，给自己一个温柔的肯定。

2.3 效果

每天10分钟"时空冥想"练习，你将越来越沉静，越来越有智慧，思维越来越有条理，心境越来越空灵，越来越能成功地对自己、对他人进行"动力沟通"。

感恩冥想技术

笔者以为，很多哲学家、思想家，都强调"群众"和"劳动"的力量。他们认为，所有人类的活动，都是建立在劳动人民的劳动上的。他们找到了人类进步的根源，给我们打开了一个永不枯竭（只要人类还存在）的智慧源泉。

在下面，为了提高我们对劳动和全体劳动者——我们一切生存"背景"的觉察，我们提出了两个方法：

10 分钟正向冥想；

10 分钟反向冥想。

这两个可以分开练习。不一定要一起做。

1. 十分钟"正向冥想"

1.1 准备（同"美人技术"）

（1）准备一个手机、计时器或闹钟，放在手边。

（2）在你现在最方便的地方（办公室、卧室、客厅等），找一个最经常最轻松的姿势（坐在椅子上、躺在床上、躺在沙发上、盘坐在坐垫上等），躺好或坐好（要准备 10 分钟一动不动）。

（3）把时间定为 11 分钟。

（4）在闹钟响起之前，身体、四肢、头部、嘴巴、脸颊、下巴都不要动。

（5）眼睛可睁开，也可微闭。实在感到喉头有下咽的愿望时可以在喉头做吞咽动作。

1.2 过程

（1）密切地关注自己的呼吸（可以不用数数），让自己呼吸自然而流畅，最好不要急促、带着"呼呼"的声响，也不要过于缓慢，让自己觉得压抑。

（2）一边关注呼吸，随机选取自己身边的一个物体（如手机、衣服、袜子、书本、桌子、椅子、零食、茶杯，甚至自己的身体）：这个东西我是从哪里得来的？它和谁的劳动相关？这个劳动者的生存以及使用的工具，又和谁的劳动相关？想象这些劳动者劳动的场景。（最终会联想到一切：家人，医生、护士、农民、厨师、裁缝、教师、钢铁工人、石油工人、采矿工人、警察、军人、消防队员、保洁人员、管理人员、脑力劳动者，等等。）

（3）再强调一下，一定要一边想，一边关注自己的呼吸。就是跑了神，也要接受自己，感恩自己发现自己跑神了（如"美人技术"中的"理解"所强调的），然后继续想这些素不相识的默默奉献的劳动者和他们劳动的场景……

（4）10分钟到了，铃声响起，慢慢地揉揉自己的手，自己的脸，起身，给自己一个微笑，给自己一个温柔的肯定，然后再向想到的这些无数默默奉献的劳动者致敬，在心中默默想象自己向他们虔诚地鞠躬致意的样子。

1.3 效果

每天10分钟"正向冥想"练习，你将越来越慈悲，对他人的奉献和服务越来越敏感，对自己和他人越来越友好、慈悲，越来越能成功地对自己、对他人进行"动力沟通"。

2. 十分钟"反向冥想"

2.1 准备（同"美人技术"）

（1）准备一个手机、计时器或闹钟，放在手边。

（2）在你现在最方便的地方（办公室、卧室、客厅等），找一个最经常、最轻松的姿势（坐在椅子上、躺在床上、躺在沙发上、盘坐在坐垫上等），躺好或坐好（要准备10分钟一动不动）。

（3）把时间定为11分钟。

（4）在闹钟响起之前，身体、四肢、头部、嘴巴、脸颊、下巴都不要动。

（5）眼睛可睁开，也可微闭。实在感到喉头有下咽的愿望时可以在喉头做吞咽动作。

2.2 过程

（1）密切地关注自己的呼吸（可以不用数数），让自己呼吸自然而流畅，最好不要急促、带着"呼呼"的声响，也不要过于缓慢，让自己觉得压抑。

（2）一边关注呼吸，一边开始设想所有人类的劳动（包括家务劳动）都停止了的场景：（家人、医生、护士、农民、厨师、裁缝、教师、钢铁工人、石油工人、采矿工人、警察、军人、消防队员、保洁人员、管理人员、脑力劳动者等等，所有的劳动，都停止了……）

水电停了；

马桶里的大便堆积成山、臊臭刺鼻；

伤员伤口血流不止，慢慢昏迷；

大火蔓延着吞噬了村庄和城市；

强盗横行，杀人、抢劫、强奸；

满街到处都是垃圾；

空荡荡的教室；

庄稼在地里枯萎；

老鼠、蟑螂、蚊虫肆虐；

动物园和野地里的毒蛇、野兽在街道、客厅和卧室内乱窜；

……

（3）再强调一下，一定要一边想，一边关注自己的呼吸。就是跑了神，也要接受自己，感恩自己发现自己跑神了（如"美人技术"中的"理解"所强调的），然后继续想象这些熟悉的或素不相识的默默奉献的劳动者和他们劳动的场景……

（4）10分钟到了，铃声响起，慢慢地揉揉自己的手，自己的脸，起身，给自己一个微笑，给自己一个温柔的肯定，然后再向想到的这些无数默默奉献的劳动者致敬，在心中默默想象自己向他们虔诚地鞠躬致意的样子。

其次，"10分钟正向冥想"觉察、体验"劳动和劳动者"给自己和人类带来的富足；"10分钟反向冥想"觉察和体验"停止了人类一切劳动"之后的灾难。因此，把这两个方法统一命名为"感恩冥想技术"，其目的是让练习者觉察、崇敬、感恩社会上陌生人的劳动。

情感冥想技术

1. 说明

前面我们介绍了动力沟通的4项技术,"美人技术"(BEAUTY),"时空冥想技术","感恩冥想技术",读者可能已发现,在"10分钟做某某某"这一系列技术中,美人技术(BEAUTY)是个"母"技术。按照这个"母技术"的框架,派生出了其他技术。这么安排的原因是什么呢?主要有如下一个原理(第一)和三个方面的原因(第二、三、四)。

第一,BEAUTY是个综合性技术,它强调了"存在"(觉察和接受痛苦和荒谬)、"体验"(非评价)、"行动"(与现实发生关联并产生影响)、"理解"(努力去发现并接纳所有存在的合理性)、"目标"(作为一个必然要死的人生的阶段性安排)和"肯定"(赞赏自己和周围的一切)。人在经常按照这六个维度进行修炼,人的面容和心灵就会越来越美丽,与周围的人、事和环境越来越协调,越来越有创造性。下面的技术都是在此基础上,逐步具体化、逐步生活化的过程。

第二,"10分钟做美人",试图通过10分钟纯粹的觉察和体验,创造一种宁静的空灵的充实的"轻安"感:自我、心灵、大脑、身体、觉性(反审认知、慧眼、慈心等称呼)以及外界产生了丰盈祥和的关联。

第三,"10分钟做时空冥想",试图通过10分钟的自然放松的关于时空的自我对话,打破我们自己加给自己心灵的"时空"界限,在短暂的期间内进入精神上的自由王国。

但是由于人们已经习惯了在限制中生活，忽然间自己（的心）充塞了宇宙，反而会升起"恐惧、荒谬、不可思议"感。

第四，有了内心的空灵，我们就要与现实建立联系。对于人类生存、社会发展和文明进步、科技创新贡献最大的就是全体的"劳动"和"劳动者"。因此，我们又设计了感恩冥想，分别从"劳动的丰盈"与"停止劳动后的毁灭"两个角度，冥想了劳动及劳动者与我们的密切关联。其目的是培养一种实在感和感恩意识：对身边人的服务的感恩，对素不相识的陌生人的感恩。

现在，我们建立了自我（5要素组成的金刚石的四面体结构）与环境的协调关系（美人），打破了心灵的时空限制（时空冥想），与现实的人民与劳动建立了深厚的心理连接（感恩冥想），那么，该干什么了呢？该与身边的人建立和谐关系了。让我们来体验孔子的这句名言：

以德报德，以直报怨。

笔者认为，大意就是：谁对我好，我就要诚信付出努力对对方好（要符合对方的要求与标准，符合社会的传统、遵从自己的良心，而不仅仅是自己认为好就好）。如果我怨恨谁（谁做了对不起我的事），我就把他当一个一般的陌生人，或者见过面但没有交往的熟人好了，就像你们之间什么都没有发生过，该怎么办就怎么办（不用为他付出特别的努力，但是，也不用去费力不讨好地在事后报复他，一切按照规矩来。当然，在受到伤害的当下，正当防卫和必要的反击，是自然的。事后，就把伤害过你的人，当个一般人或陌生人吧）。

2. 十分钟做情感冥想技术的流程与理想效果

2.1 准备（同"美人技术"）

（1）准备一个手机、计时器或闹钟，放在手边。

（2）在你现在最方便的地方（办公室、卧室、客厅等），找一个最经常、最轻松的姿势（坐在椅子上、躺在床上、躺在沙发上、盘坐在坐垫上等），躺好或坐好（要准备 10 分钟一动不动）。

（3）把时间定为 11 分钟。

（4）在闹钟响起之前，身体、四肢、头部、嘴巴、脸颊、下巴都不要动。

（5）眼睛可睁开，也可微闭。实在感到喉头有下咽的愿望时可以在喉头做吞咽动作。

2.2 过程

（1）密切地关注自己的呼吸（可以不用数数），让自己呼吸自然而流畅，最好不要急促、带着"呼呼"的声响，也不要过于缓慢，让自己觉得压抑。

（2）一边关注呼吸，一边反思与自己有关系的人：

从情感（无论积极还是消极）最强烈的人开始。

我对这个人（积极）的情感强度如何？这种情感对我的生活产生了影响没有？产生了什么影响？产生这种情感的原因是什么？他为我做出了什么样的努力？他克服了怎样的困难？他在为我做这件事时，他本来可以干些什么？我该怎样为他付出努力？我怎么知道他需要我的这种努力？我的这种努力会不会伤害到他什么？我要怎么做才会更妥帖？

由于这中间有强烈的情感，可能有时会忘了呼吸，没关系，一旦发现自己忘了呼吸，立即感恩自己的觉察，再回到对呼气的关注上。同时思考，刚才想到这里，忘了对呼吸的关注，这说明了什么？我为什么这时不能一心二用了（一边关注呼吸，一边想这个恩人）？想出原因后，然后再自然地回到这个人身上或其他人身上。

我对这个人（消极）的情感强度如何？这种情感对我的生活产生了影响没有？产生了什么影响？产生这种情感的原因是什么？他做了什么事伤害了我？他为什么让我感到了伤害？伤害我他得到了什么好处？他得到了什么坏处？如果不是他对我做这件（些）事，而是我的一个关系一般的同事（同学），甚至是一个陌生人，我可能会怎么想？这个陌生人或同事会怎么想？现在伤害发生在我身上，我要怎么样才能不再让那个过去的伤害（关于伤害的记忆）影响到我？如果我再见到他，能否也一心二用？

即，在与伤害记忆共存的基础上，不产生情感体验，像陌生人一样，或者像一般熟人一样，跟他交往？

或者，由于记忆产生了消极的情感体验，但是自己一边数着呼吸，一边跟他说话或共事？

如果一个石头绊倒了我，我肯定也难受，但是不会去踢它。再次见到这个石头，可能也会难受。这个石头它为什么会出现在那里来绊我呢？让我看见它就难受，对它有什么好处呢？对我有什么好处呢？这个石头提醒了我，要小心。我要感谢这个石头，但是，我不用为它提供服务，不用把它放到家里供起来，也没有必要一见它就踢它吧。不过，石头不会报复，想踢它，只要我不怕疼，还是可以踢它的。

如果我不控制自己，按照自己的心情去报复他，可能会产生什么积极效果？可能会产生什么消极效果？如果我把自己今后的生命交付给他，跟他发生亲密的链接，我是否乐意？

啊？乐意？为什么？

啊？不乐意？为什么？

不管乐意不乐意，我该怎么面对现在的他呢？他在我的记忆里是消极的负面的。

如果是康德，他会怎么做？

如果是谁谁谁（自己熟悉的各种人），他会怎么做？

如果是孔夫子，他会怎么做？

以德报德，以直报怨。

（3）再强调一下，一定要一边想，一边关注自己的呼吸。就是跑了神，也要接受自己，感恩自己发现自己跑神了（如"美人技术"中的"理解"所强调的），分析一下为什么会走神，然后自然的继续原先的思考……

（4）10分钟到了，铃声响起，慢慢地揉揉自己的手，自己的脸，起身，给自己一个微笑，给自己一个温柔的肯定，然后在内心想象这样的场景：向想到的恩人致敬（行注目礼，默默地充满爱意地看着他，不要打扰他）；向想到的怨恨的人，礼貌地表示感谢，感谢他增加了自己对世界复杂性的理解，正是因为世界复杂，自己原先才看的不清楚，现在自己又看清楚一点了，原来的伤害促进了成长，对于这个成长的自己来说，一切都像没有发生一样，从头开始。

2.2 效果

每天10分钟情感冥想练习，你将建立一个和谐的心理空间，并逐渐辐射开来，建立一个现实的人际交往空间。找到适合自己的朋友，并与越来越多的人建立良性和互动关系，越来越能成功地对自己、对他人进行动力沟通。

呼吸技术（BREATHE）

咨询师百分之九十以上的工作是倾听和关注来访者。但是，如何保持咨询师对这个不付费的天天赖着自己的来访者（自己本身），保持密切的关注呢？这里提供一个技巧：呼吸（BREATHE 的 7 个英文字母）

1. 呼吸（Breathe）

呼吸是人体与外界能量和信息交换的最经常、最容易被觉察的形式。关注了呼吸，等于链接了自己与宇宙。

把注意放在呼吸上，就等于为"心"这只疯狂的大象或好动的猴子，找到一棵大树，把它拴在那里，就等待着随后的教化了。

2. 重复（Repeat）

我们总是会走神，总是会被外在世界的刺激所吸引，被内心的焦虑、恐惧、兴奋或冲动所扰动。没有关系，跑了，发现自己的心（注意）跑了，再拉回来，重新拴在呼吸这根"柱子"上。

3. 放松（Easy）

好不容易要关注自己了，结果发现：

（1）关注自己是那么无聊，因此很恼火。

（2）自己的内心世界是这么烦乱甚至黑暗，因此很痛苦。

（3）关注了呼吸，发现时间是这么的难熬，因此很焦虑。

（4）关注了呼吸，发现忽然身体上有很多地方不舒服，如皮肤的痒点、心脏的悸动、胃部的隐痛、臀部的麻木，等等，因此很不舒服。

……

面对这些，我们要知道这都很正常，保持放松，最后它们这些"不请自来的客人"，都会离你而去。其实，他们原来就在那里，只是我们不知道而已（我们被外界和内心的波澜所迷惑了）。

4. 浩然之气（大写字母 A）

我是世间独一无二的咨询师，我是 24 小时不间断工作的咨询师，我是全场景工作的咨询师，客户上厕所、谈恋爱、做爱等等私密的场景都让我关注和审视，这样的信任哪里去找。遇到这种无条件的信任，我只能如孟子所说，争取做到"吾知言，吾善养吾浩然之气"，做到"富贵不能淫，贫贱不能移，威武不能屈，此之谓大丈夫"。

5. 教学（Teach）

这个来访者是跟我一体的，虽然对其他来访者我不能把我认为适合的价值观强加给他们，但是，对这个终身伴随我的来访者，我必须这么做。但是，要研究教学的方法，做到"有教无类"，做到"因材施教"，做到"现场教学"，做到"教学相长"，并且最好采用启发式教学，创造或引导出一些场景，让来访者自己去总结。

6. 健康（Health）

我必须保持心态的健康。反审认知，必须保持健康的心态，不被客户纠缠，永远要做个"温和清醒的局外人"，我要保证我的客户的健康，身体的健康，心理的健康。

7. 眼睛（慧眼、觉醒）（Eye）

我就好像是观音菩萨额头上那一只永远不会闭上的眼睛，它用温柔、慈悲、智慧的眼光关照着自己。

（1）它永远正面地面对来谈者，表示一种参与的态度，即我想帮助你，我乐于与你同在。

（2）它永远不带着审判的眼光看待来访者，而是采用一种开放的态度，鼓励来访者自然、自主、自在的行动。

（3）它永远保持一种光明正大的稳定的姿态，从不偷窥和刺探，它只是默默地看着，不提问题。

如果你能够在做自己的心理咨询师时，做到"BREATHE"（一般时间可设定为15分钟），关注呼吸，重复地关注呼吸，保持放松，培养浩然之气，做一个启发式的好老师，保持健康的心态，同时像眼睛一样存在，那么你的自我就有福了，你身边的人也有福了。

祝贺您！

（注：美人系列五大技术由王文忠博士提供）

后记

2016年4月的一天，在"女子安 天下安"读友会，见到了《女子安 天下安》系列选题的总策划人安公（唐燕飞），同时看到了他策划的《女子安 天下安》这本书。交流中他说正在策划一本书《妈妈在 家就在》，我一听非常高兴，就着工作室的白板，连写带画，讲解了动力沟通的自我金刚结构，同时介绍了动力沟通家庭顾问服务的理念：让每位个人成为自己的心理咨询师，让每位女性成为自己的慈母，宁静温馨地陪伴关照着自己、自己的孩子和家人。

经过3年的探索，动力沟通的这种理念和做法取得了非常好的效果，不仅在灾后心理服务、企事业单位文化建设、基层党组织建设等方面得到了认可和奖励，而且还以动通家庭顾问网络服务的形式，改变了许多家庭的面貌。

我介绍40分钟之后，唐总非常兴奋，我也产生一种相见恨晚的感觉，当天就定下来，按照唐总的既定选题提纲，由我带领动力沟通顾问团队和《女子安 天下安》主创袁洁老师共同来创作《妈妈在 家就在》这本书，同时，为了突出本书的宗旨"安：让妈妈回家"，决定以安先生工作室的名义，发挥集体智慧，以期有利于将来开展系列工作，把女子教育、家庭教育的工作，不断推向深入，造福每个家庭。

在本书与读者见面之际，安先生必须向读者说明，安先生是一个团队的集体称呼，这个团队包括《女子安 天下安》系列选题总策划人安公唐总以及《女子安 天下安》的作者袁洁女士，同时由下列动力沟通师构成：

王文忠、吕建锌、陈耀军、杨润功、郭长连、李霞、何俊生、姜振华、陆军、李丹、蔡莉、闫延玲、李春燕、丁云枝、庞云、李玉霞、张紫瑞、胡淑杰、韩振江、黄小琴、郭淑芬、王丽芳、赵彦杰、胡金鹏、李向前、钟春雨、孙海洋、李萌……

本书也从"动力沟通"的公共微信订阅号中摘录了部分动通爱好者的感人的家庭故事，在此也向他们表示感谢：任文庆、曹颖、徐艳花、袁晓燕、江雪、张奋赢、杨丽丽、王志红……

在工作过程中，安先生工作室还形成了这样的接头暗号：

你安了吗？
我在呢。

安在，既是一个修行的方向，也是一个修行的方式，路漫漫其修远兮，吾将上下而求索！追求安在，带着安在，螺旋式上升！

王文忠

博士，研究员

中国科学院心理研究所沟通研究中心主任